二氧化硅低维微/纳米材料的掺杂及其光学性能

吕 航 著

本书数字资源

北　京

冶　金　工　业　出　版　社

2023

内 容 提 要

本书介绍了利用热蒸发法制备稀土等元素掺杂二氧化硅低维微/纳米材料的方法，此制备方法在简单、有效、低耗的同时可以对材料的掺杂微结构进行调控。本书对制备方法和机制进行实验分析，探索低维纳米结构和光学性能的影响因素，对纳米材料功能器件的设计具有重要指导性意义。本书还对于热蒸发法制备稀土等元素掺杂二氧化硅微/纳米材料的结构及光学性能的影响进行了分类介绍，探索纳米材料的掺杂机理，通过掺杂其他元素来拓展其应用范围。

本书可供从事材料学、物理学、化学等领域的科研人员阅读，对纳米材料光学性能影响因素的探索具有重要参考价值。

图书在版编目 (CIP) 数据

二氧化硅低维微/纳米材料的掺杂及其光学性能/吕航著 . —北京：冶金工业出版社，2023. 10
ISBN 978-7-5024-9615-9

Ⅰ.①二… Ⅱ.①吕… Ⅲ.①氧化硅—纳米材料—研究 Ⅳ.①TB383

中国国家版本馆 CIP 数据核字 (2023) 第 163754 号

二氧化硅低维微/纳米材料的掺杂及其光学性能

出版发行	冶金工业出版社	电 话	(010)64027926
地 址	北京市东城区嵩祝院北巷 39 号	邮 编	100009
网 址	www.mip1953.com	电子信箱	service@ mip1953.com

责任编辑 于昕蕾 美术编辑 彭子赫 版式设计 郑小利
责任校对 梁江凤 责任印制 禹 蕊
北京印刷集团有限责任公司印刷
2023 年 10 月第 1 版, 2023 年 10 月第 1 次印刷
710mm×1000mm 1/16；7 印张；134 千字；102 页
定价 50.00 元

投稿电话 (010)64027932 投稿信箱 tougao@cnmip.com.cn
营销中心电话 (010)64044283
冶金工业出版社天猫旗舰店 yjgycbs.tmall.com
(本书如有印装质量问题, 本社营销中心负责退换)

前　言

在当今信息时代，光电子集成器件的发展有着极其重要的作用。目前，硅的集成工艺的发展已经相当成熟了，因此从工艺兼容性的角度考虑，用硅基材料作为发光器件将会是最佳的选择，而其应用的最大优势则是提高发光效率。纳米二氧化硅作为其中一种硅基材料，在合成方面具有可控的尺寸、形貌、孔隙率及化学稳定等特点，使得 SiO_2 基质作为各种纳米技术应用的结构基础，例如：吸附、催化、传感和分离，拥有着独特的物理和化学性能，在光学领域例如光学显微镜、光波导、纳米光电器件都具有非常广泛的应用。

在低维结构中，SiO_2 纳米颗粒是一种新型纳米材料，在建筑、化工、医药、航空航天特制品以及光学器件上都有重要应用。近年来，一维纳米结构材料因其具有独特的光、电、磁和光催化等物化特性，引起了人们的广泛关注。SiO_2 纳米线是一种新型的一维纳米材料，其卓越的体积效应、量子尺寸效应、宏观量子隧道效应等，使其不仅具备纳米粒子所特有的性质，而且作为典型一维纳米材料在橡胶、塑料、纤维、涂料、光化学和生物医学等领域都具有广泛的应用前景。近年来，各种形貌的 SiO_2 纳米材料的合成和性能研究取得了显著的成就。

众所周知，掺杂是可以改善基质物化性质的一种有效的方法。人们通过对基质材料进行各种无机或有机元素掺杂，可以针对基质材料的电学、光学等性能进行优化，尤其是稀土离子的掺杂可大幅度增强光学性能，是人们一直以来关注的焦点。在稀土离子掺杂纳米材料的研究中，由于稀土离子的发光具有单色性好、强度大、发光寿命长等特点，在光学相关的诸多领域吸引了研究者们的广泛关注，其中 Ce^{3+}、Tb^{3+} 作为典型稀土离子，在激光、信息、显示、通信领域具有广泛的应用前景。稀土掺杂二氧化硅可以提高其自身的发光强度，从而获得发光性能优异的发光材料，这个研究已成为人们对新材料研究的一个重要热点。

　　制备纳米 SiO_2 存在多种方法，主要分为干法和湿法两种。干法分为气相法和电弧法。湿法包括沉淀法、溶胶-凝胶法和水热合成法等，每种方法都有其独特的优缺点。比较而言，气相法制备的产品粒径分布均匀、纯度高、性能好，通过对实验参数进行调控可以进一步实现对微结构的控制，是实验室、工业上常用的方法。气相法中的热蒸发法作为一种简单和大面积兼容的方法，已经被广泛应用。该方法通过独立控制结构和尺寸来促进调整纳米材料的光学性质。还可以通过催化剂的使用控制成核和生长机理，进而调整纳米线的内部结构和宏观特征。最近由于纳米线在电子和传感器纳米器件中的应用越来越广泛，催化剂的作用被认为更加重要。先前报道的 SiO_2 具有较大带隙，在 7~11eV 范围内，人们可以通过改变尺寸和掺杂其他元素来缩小带隙宽度。鉴于此，提高纳米线的复杂性、元素掺杂和改变内部尺寸能使 SiO_2 纳米材料的形态和功能变得更加复杂，进而成为人们研究和关注的焦点。

　　本书介绍了利用热蒸发法制备稀土等元素掺杂二氧化硅低维微/纳米材料，这种方法在简单、有效、低耗的同时可以对材料的掺杂结构进行调控，书中对制备方法和机制进行实验分析对比，探索低维纳米结构光学性能的影响因素，对纳米材料功能器件的设计具有重要指导性意义。书中还对热蒸发法掺杂二氧化硅微/纳米材料的结构及性能的影响进行分类介绍，探索纳米材料的掺杂机理，对于科研工作者针对纳米材料的生长和结构性能影响因素的探索具有重要参考价值。另外，书中对于不同形貌和掺杂微结构纳米二氧化硅的制备和性能进行研究，对纳米材料在电子器件和新功能材料领域的应用有借鉴意义。

　　由于作者水平和时间所限，书中难免有不足之处，敬请各位读者批评指正。

作　者

2023 年 8 月

目　　录

1　绪　　论

1.1　纳米材料的研究前景与发展现状

纳米材料为一种由尺寸在 1~100nm 之间基本颗粒组成的天然或人工材料，这是在 2011 年由欧盟委员会定义的。从广义上讲，纳米技术是指在 1~100nm 尺度范围内研究原子、分子的结构及其相互作用并加以应用的技术，是现代科学（量子力学、介观物理学和分子生物学等）与现代技术（计算机、微电子和扫描隧道显微镜等）结合的产物。通过操作原子、分子或原子团和分子团制备所需的材料，使人类认识和改造自然界的能力扩展到微观领域。

纳米材料按结构可分为零维、一维及二维结构。零维纳米材料主要是指纳米粒子，如贵金属纳米粒子、半导体胶体量子点材料等都是典型的零维纳米材料。一维纳米材料主要包括纳米线、纳米棒、纳米管等。二维纳米材料主要是指超薄膜、多层膜等，如具有双吸收层或多吸收层结构的金属陶瓷选择性吸收涂层是一种典型的多层膜结构，在太阳能光热转换过程中起着十分重要的作用；又如具有单银结构或者双银结构的低辐射薄膜，在调制太阳光的入射及节能窗领域得到广泛的应用；再如具有多层膜结构的电致变色、光电致变色薄膜在智能型节能窗领域得到广泛的应用。此外，在纳米材料中还有另一类尺度划分在 1~10nm 的准零维纳米材料，称为量子点，图 1-1 所示为核壳结构量子点示意图。量子点和超晶格在新概念太阳能电池中的应用也是当前研究的热点。

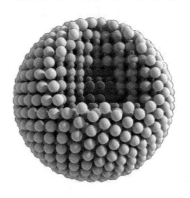

图 1-1　核壳结构量子点示意图

20世纪80年代，对纳米材料的研究已经成为材料科学的一个重要分支。这些纳米材料最令人惊奇的特征是它们的物理和化学性质不同于它们是块体材料时的固体的性质。在纳米晶体表面的原子数量与在内部处于晶格位置上的原子数量相当。如此，纳米材料显示了一系列特殊性能，如小尺寸效应、表面效应、宏观量子隧道效应和量子限域效应等新的性能，使得纳米材料具有不同于宏观物体的光、电、热、磁、力学等性能。日本科学家Lijima等人在1991年发现了碳纳米管以后，科学家们陆续合成了各种半导体材料如 TiO_2、ZnO、WO_3、V_2O_5、$CdSe$、$CuInSe_2$ 等，由于它们具有纵向的电子传输结构而在太阳能电池的研究领域中受到重视。在纳米 SiO_2 的研究工作中，1998年，Yu D. P. 等研究工作者报道了利用激光烧蚀法在高温下合成非晶二氧化硅纳米线，并且发现合成的纳米线直径约在15nm，长度超过100μm。2001年，Wang L. Z. 等研究员报道了利用溶胶-凝胶法在常温条件下合成了非晶二氧化硅纳米管。其纳米管的直径在50~500nm之间，长度在0.5~20μm之间。2002年，Zhang M. 等人报道了用溶胶-凝胶法在阳极氧化铝模板孔内制备出 SiO_2 纳米管，制备出的纳米管直径在30~50nm之间。在2003~2004年，Li Y. B. 等人利用PVD法制备出非晶二氧化硅包裹着的 InS 纳米线和二氧化硅纳米管。InS 纳米线的直径在20~100nm之间，而 SiO_2 的包裹厚度在5~20nm。而 J. J. Niu 等人用CVD法在衬底硅上成功地制备出了最小直径为9nm、长度超过10μm的二氧化硅纳米线。由高分辨率透射电镜下测试观察到实验产物主要是由 Si 和 O 两种元素构成，并且原子比例接近1:2。光致发光测试结果发现一个较强的发射峰在544nm处，而一个弱发射峰则在595nm被发现。众多科研人员为纳米 SiO_2 技术在光电子领域的发展贡献了力量。

1.2　Si 纳米材料的性质与结构

1.2.1　Si 纳米材料的特性

在宏观领域中，某种物质固体的理化特性一般与该固体颗粒的尺度大小无关。但人们在追求材料超微化过程中发现，当物质颗粒直径小于100nm时，物质本身的许多固有特性均发生质的变化，呈现出奇异的物理、化学性质。Si 纳米材料作为传统的纳米材料具有纳米材料的特性，也是地球上分布最广、应用最广的半导体材料，具体特性如下：

（1）Si 纳米材料的表面效应。纳米材料的表面效应是指纳米粒子的表面原子数与总原子数之比随粒径的变小而急剧增大后所引起的性质上变化的现象。当纳米粒子粒径在10nm以下时，纳米粒子的表面原子数的比例会迅速增高。当粒径降到1nm时，表面原子数比例达到90%以上，原子几乎全部集中到纳米粒子的表面。由于纳米粒子表面原子数增多、表面原子配位数不足和高的表面能，这些原子易与其他原子相结合而稳定下来，因此具有很高的化学活性，如图 1-2 所示。

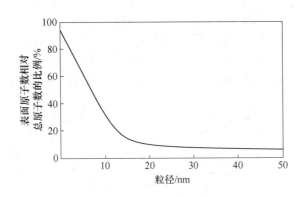

图 1-2　粒子大小对表面原子数的影响

（2）Si 纳米材料的小尺寸效应。纳米材料的小尺寸效应是指由于颗粒尺寸变小而引起材料的宏观物理或化学性质变化的现象。纳米颗粒尺寸小，表面积大，在熔点、磁性、热阻、电学性能、化学活性和催化性等方面会呈现出与大尺寸颗粒明显不同的特性。例如，金属纳米颗粒对光的吸收效果显著增加，纳米微粒的熔点降低等。

（3）Si 纳米材料的量子尺寸效应。量子尺寸效应是指当粒子尺寸下降到接近或小于激子波尔半径时，费米能级附近的电子能级由准连续能级变为分立能级的现象。量子尺寸效应带来的能级改变、能级变宽，使微粒的发射能量增加，光学吸收向短波方向移动，直观上表现为样品颜色的改变。

（4）Si 纳米材料的宏观量子隧道效应。微观粒子具有贯穿势垒的能力，称为隧道效应。纳米材料中的粒子具有穿过势垒的能力，因此具有隧道效应。

1.2.2　Si 纳米材料的应用及影响

Si 纳米材料的小尺寸效应可以使材料的强度与硬度提高、金属材料的电阻升高、呈现宽频带强吸收的性质、磁有序态向磁无序态的转变、超导相向正常相的转变、非导电材料的导电性出现、磁性纳米颗粒的高矫顽力等。量子尺寸效应的主要影响有导体向绝缘体的转变、吸收光谱的蓝移现象、纳米颗粒的发光现象等。宏观量子隧道效应以及量子尺寸效应将会是未来微电子、光电子器件的基础，或者它确立了现存微电子器件进一步微型化的极限。

1.3 SiO₂纳米材料简介

二氧化硅（SiO₂）是一种按照硅原子与氧原子之间不同的排列形态，可分为长程有序排列（晶态）以及短程有序或长程无序排列（无定型非晶态）两种形态的无机物。晶态和非晶态示意图如图 1-3 所示。纯净的天然晶态二氧化硅，呈现为无色透明的脆硬且不溶于水的固体形态，熔点为 1723℃，沸点为 2230℃，常用于制造光学仪器等。生活中的一些玻璃、陶瓷等耐火材料可以用二氧化硅进行制备。

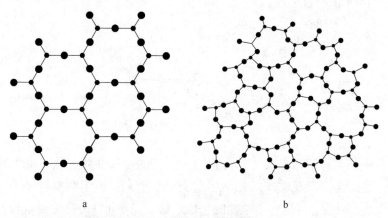

a　　　　　　　　　　　　　　　b

图 1-3　材料结构示意图

a—晶体结构的规则排列网格；b—非晶结构不规则排列网格

SiO₂的结构如图 1-4 所示，SiO₂晶体中硅氧原子个数比为 1：2，Si 原子与 O 原子形成共价键，基本结构为 Si-O 四面体搭建的立体网状结构。

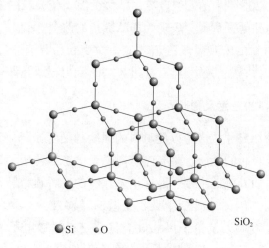

●Si　•O　　　　　　　　SiO₂

图 1-4　SiO₂结构

纳米级二氧化硅为无定形白色粉末，如图 1-5 和图 1-6 所示，尺寸范围在 1~100nm，熔点为 1750℃，环保，没有毒性和刺激性气味，具有球形、棒状及网状等不同形貌的微观结构。最近一些年，二氧化硅纳/微米材料以其独特的多种微观结构形貌及其独有的物理和力学特性，使得 SiO₂ 材料在医学、光学、生物等领域中得到了更多可能性的拓展。

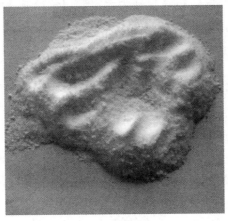

图 1-5　纳米 SiO₂

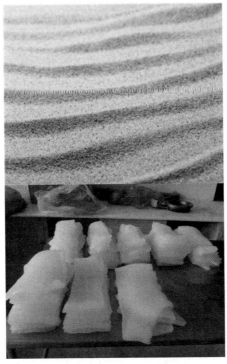

图 1-6　石沙和硅胶
（主要成分是 SiO₂）

1.3.1　纳米二氧化硅的物理、光学和化学特性

1.3.1.1　物理特性

二氧化硅在自然界中的含量较为丰富，其在地球上的存在形式主要以晶体和非晶两种方式存在。纳米级二氧化硅为无定形白色粉末，无毒、无味、无污染，微结构为球形，呈絮状和网状的准颗粒结构，沸点高，硬度大，不溶于水和酸（氢氟酸除外），能溶于碱。

1.3.1.2　光学性能

光学性能是纳米二氧化硅最为显著的特点之一，由于其发光性能优良已被实际应用到各种光电子器件。纳米二氧化硅不同于常规的二氧化硅光学特性，其对波长为 270~300nm 的紫外光反射率达到 80%，对波长为 300~800nm 的光发射率可达 85%。对红外光的反射率也可达到 80% 以上。

由此在本书中重点探索了制备二氧化硅纳米和微米材料的光学性能。

1.3.1.3　化学特性

由于纳米二氧化硅也是纳米材料的一种，自身也有体积效应和量子隧道效应，且自身具有渗透功能，可以渗透到高分子化合物 π 键的附近从而和电子云发生高度重叠，因此形成了空间网状结构，从而大大提高了材料的强度和韧性。纳米二氧化硅的这些特殊的性能目前被人们应用到对材料的改性或是制备复合材料，提高了材料的综合性能。

1.3.2　SiO_2 纳米材料的应用

近年来，基于硅基纳/微米材料的微电子领域的独特结构、优异的性能和应用受到了极大的关注。SiO_2 纳米材料是重要的纳米材料之一。因其具有优异的物理特性、力学特性和独特的纳/微米结构特性，广泛应用于光致发光、透明绝缘、光化学、光学波导、生物医学等领域。至今在不同形态和性能的 SiO_2 材料的研究中取得了重大进展。由于 SiO_2 纳米材料具有尺寸、形态、孔隙率和化学稳定性的可控性质，SiO_2 基体已被用作各种纳米技术应用的结构基础，如吸附、催化、传感和分离。同时，作为一种硅基材料，纳米 SiO_2 具有特殊的物理和化学性能，使得它在激光制导、光学显微镜、纳米光电器件等领域都被广泛地应用。

二氧化硅主要用于生产窗玻璃（图 1-7）、饮料瓶等多种用途。大多数用于

电信的光纤也是由二氧化硅制成的。它不仅在玻璃制品中有应用，也是陶瓷、瓷器和工业水泥主要原料。由于二氧化硅薄膜具有较高的化学稳定性，在微电子学中具有重要的应用价值。它用于电子产品中，可保护硅片，储存电荷，阻断电流，甚至控制电流的流路。硅基制备出的气凝胶被用于收集航天飞船中的外星粒子。二氧化硅可以在液体萃取剂的作用下与核酸结合，提取 DNA 和 RNA。作为疏水二氧化硅，它被用作消泡剂成分。在水合的形式下，它被用在牙膏中作为一种硬磨料去除菌斑。作为一种耐火材料，它是一种非常有用的高温防热织物纤维。胶体二氧化硅用作葡萄酒和果汁的澄清剂。在制药产品中，当片剂形成时，二氧化硅有助于粉末流动。在地源热泵行业中也被用作增热化合物。此外，它已经在涂料、改性橡胶、农业与产品、胶黏剂、医学等领域得到了充分的应用，图1-8 所示为二氧化硅的常见应用领域。

图 1-7　玻璃

　　（1）在涂料中的应用。由于丙烯酸酯具有无毒无味、防紫外、耐候性和耐热性等优点被广泛应用于建筑内外墙涂料中。在涂料中加入无机纳米粒子不仅可以改变涂料的黏合度，还可以增加涂料在涂层应用的许多优良的性能。用作表面活性剂时，将表面处理后纳米二氧化硅颗粒与甲基丙烯酸甲酯与丙烯酸丁酯两份材料的单体共聚在改性纳米二氧化硅表面，得到纳米复合丙烯酸涂料。经试验改良后纳米二氧化硅均匀分布在聚合物基体中，随着纳米二氧化硅含量增加使得样品的耐溶剂性增加。紫外照射改良后的固化涂料具有许多良好的性能，如挥发物质少、化学稳定性高、在室温下易于固化，也正因为这些优良性

润滑脂应用   塑料行业应用   日化行业应用

制药行业应用   粉体行业应用   建筑材料应用

硅橡胶行业应用   涂料行业应用   胶黏剂应用

不饱和树脂应用   农药化肥应用   饲料行业应用

图 1-8 二氧化硅的常见应用领域

能引起了人们对其研究的兴趣。一般的溶剂型聚氨酯容易造成环境污染。经过水性改良后的聚氨酯具有环保、易加工等优点,已广泛应用于涂料中。然而,水性聚氨酯在性能上也存在一些不足。例如,该乳液具有较差的自增稠性能和较低的机械强度,应用于涂层时,会出现附着力低、力学性能差和耐腐蚀性差等问题。如果加入一些特殊性质的纳米二氧化硅粒子,水性聚氨酯材料的性能会得到改善。

（2）在橡胶改性中的应用。纳米二氧化硅广泛应用于橡胶制品中，如鞋、胶辊（复印机或激光打印机用半导体胶辊、金属芯硅橡胶辊等）、轮胎、硅橡胶薄膜的制备等。将硅橡胶掺入制备材料中，利用溶胶-凝胶法改变橡胶的可分散性能，从而获得高力学性能和高分散性的橡胶。制备橡胶时，由于纳米二氧化硅材料粒径可变性，使得制备出的光敏橡胶形式不一。在轮胎制备时加入纳米二氧化硅使得轮胎具有优异的滚动阻力性能、牵引性能和低损耗性能。纳米二氧化硅在轮胎制备中的添加不仅能增加耐用性，还可以改变轮胎的颜色。

（3）农业与食品的应用。近来，发达国家已经发现纳米 SiO$_2$ 的一些新的应用领域。例如，在农业中，使用纳米 SiO$_2$ 制备农业种子处理剂可以提高蔬菜和粮食（如卷心菜、番茄、玉米、小麦等）的产量并提高成熟度。纳米 SiO$_2$ 还可用于除草剂和杀虫剂中，如果将少量的纳米 SiO$_2$ 添加到杀虫剂的颗粒制剂中，则可以有效地控制和防止有害物质的产生。在食品工业中也可以见到纳米 SiO$_2$ 的身影，如食品包装袋中添加纳米 SiO$_2$，使得水果蔬菜不易氧化；在葡萄酒净化中添加纳米 SiO$_2$，可以增加葡萄酒的保鲜能力。它也可以用作高效杀菌剂，以控制各种水果和蔬菜疾病。

（4）在黏胶剂中的应用。改性后的纳米二氧化硅可用于胶黏剂中，提高胶黏剂的剥离强度、剪切强度和冲击强度。以 3-(甲基丙基) 丙烯氧基硅烷以及纳米二氧化硅进行改性，然后以偶氮二异丁腈为引发剂合成丙烯酸 2-异辛酯，随后与丙烯酸乙酯溶液聚合合成丙烯酸共聚物，再与甲基丙烯酸缩水甘油酯改性，将乙烯基引入紫外光使其更容易固化。将共聚树脂与改性纳米二氧化硅复合，制备出的压敏胶将有利于生成物的热稳定性。由于改性纳米二氧化硅不断增加，降解温度和残留量都随之增加。

（5）在医学中的应用。随着科技的发展，人们发现纳米二氧化硅微球具有许多优点，譬如与生物相容性好、比表面积大，对于物体的表面吸附力强，稳定性高，表面改性容易等优点。它们已用于药物装载和缓释以及其他医学领域。实验表明，中空纳米二氧化硅微球的负载能力大于固体微球的负载能力。

（6）其他方面的应用。纳米 SiO$_2$ 具有较高的表面能和吸附性能，良好的稳定性和生物相容性，可以用作新型传感器。由于纳米 SiO$_2$ 无毒，无味，无污染，耐腐蚀，具有增强和增韧的特性，它可以用作人造牙齿，这将大大提高人造牙的硬度和强度。SiO$_2$ 纳米材料在日常中除用作包装材料外还是常见的食品生产中的添加剂，主要用作粉状食品的流动剂，或用于吸湿应用中的水分吸收。它还是硅藻土的主要组成成分，用途很多，从过滤到昆虫控制。它也是电子材料的主要成分，无论是人们日常办公的电脑还是不离手的手机，这些每天接触的电子产品中都会有纳米 SiO_2 的身影。它还应用在化妆品中，它的光扩散性和自然吸收性非常有用。

1.4 稀土掺杂纳米材料的研究背景

1.4.1 无机材料的稀土掺杂

ZnO 纳米材料作为可研究性非常高的纳米材料，对它的掺杂研究已从金属原子到稀土离子。研究表明掺杂后的 ZnO 能带结构和载流子浓度改变，使得掺杂后的 ZnO 表现出具有不同于本征 ZnO 的新特性。稀土掺杂是 ZnO 材料的研究方向之一。目前，稀土离子掺杂 ZnO 薄膜研究处于进步之中，有文章报道了 Y、La、Nd、Eu、Er 掺杂 ZnO 薄膜的研究，实验中观察到不同的发光谱带，表明稀土掺杂是实现 ZnO 紫外发光的可能途径之一。稀土离子掺杂 ZnO 和 TiO_2 由于其较高的研究价值，被人们广泛关注。Wu Y. X. 等人研究发现 ZnO 掺杂 Y(La) 后结构的稳定性增强，禁带宽度变宽，光学性质发生了改变。图 1-9 显示了 Y 掺杂 ZnO 纳米片的扫描电镜图。韦建松等人研究表明，ZnO 体系在掺入 Nd 后晶格常数增大，带隙变宽，提高了 ZnO 体系的导电性和发光强度。Che P. 等人采用溶胶-凝

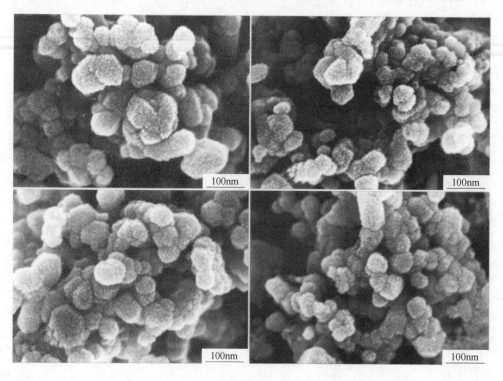

图 1-9　Y 掺杂 ZnO 纳米片的扫描电镜图

胶法制备了一系列 Eu^{3+} 掺杂的 ZnO 薄膜。存在能量转移，观察到 Eu^{3+} 特征 $^5D_0$ → ^7F_J （J = 1，2，3 和 4）红色发射。Lan Wei 研究表明少量的 La 原子掺入到 ZnO 晶格中，增加了 ZnO 薄膜的带隙宽度。Song Hyundon 等人将 ZnO：Er 薄膜通过射频磁控溅射沉积在衬底上，并在空气和 H_2 气氛下在 700℃ 下退火以提高发光性能。ZnO：Er 薄膜源于能量跃迁分别在 465nm 附近表现出强发射带，在 525nm 处表现出弱发射。图 1-10 所示为 ZnO：Er 薄膜的扫描电镜图。目前，稀土离子掺杂 ZnO 研究仍处于不断探索中，诸多研究证明了稀土离子掺杂具有改善 ZnO 发光性能的特性。

　　为了确定这种特性，介绍了稀土掺杂 TiO_2 改变了发光特性的报道。例如，刘国敬等人采用溶胶-凝胶法成功制备了稀土 Eu^{3+} 掺杂 TiO_2 纳米晶样品，其中从 EDS 能谱数据得到，Ti：O 并不是 1：2，他们分析后得出 Eu^{3+} 离子很可能取代 Ti^{4+} 离子后产生了氧空位，以此证明稀土 Eu^{3+} 离子进入 TiO_2 晶格中。图 1-11 所示为 Eu^{3+} 掺杂 TiO_2 粉体材料的扫描电镜图。图 1-12 所示为 Eu^{3+} 掺杂 TiO_2 的超晶胞模型。与此同时也有实验人员陈学元等介绍了 TiO_2 纳米晶的组分为：xRe^{3+}-$(1-x)$ TiO_2 （其中 Re = Pr，Nd，Sm，Eu，Tb，Dy，Ho，Er，Yb，Tm；x（摩尔分数）=

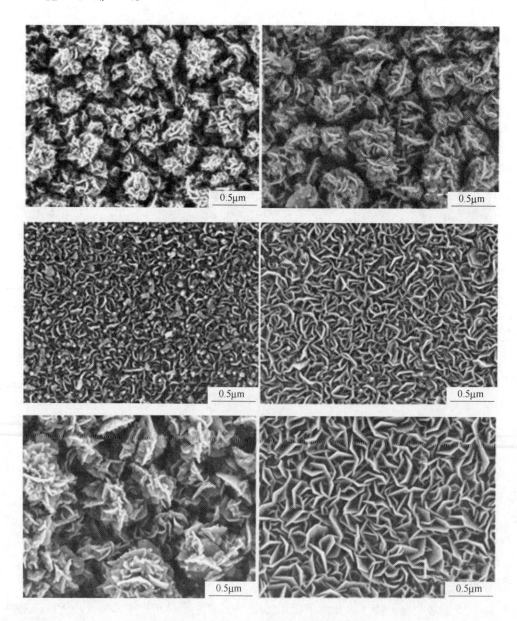

图 1-10 ZnO：Er 薄膜的扫描电镜图

0.5%~6%）。用荧光光谱仪测样品的发光，通过选择不同的激发波长分别得到
Eu^{3+} 的不同发射峰：展宽强发射峰（613nm）及尖锐强发射峰（617nm 和
618nm）。张锦等人成功凭借溶胶-凝胶技术制备了以 TiO_2 为基质，以稀土 Eu、
Dy、Tb 为激活剂的样品，提高了发光强度并存在随浓度增加，发光强度先增强
后减弱的现象。图 1-13 所示为 Dy 掺杂 TiO_2 纳米粒子的形貌图。

图 1-11 Eu³⁺掺杂 TiO₂的扫描电镜图

a—1%Eu³⁺/TiO₂；b—TiO₂

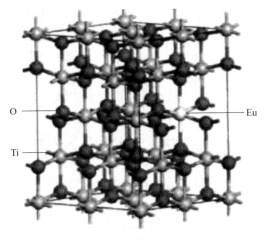

图 1-12 Eu³⁺掺杂 TiO₂的超晶胞模型

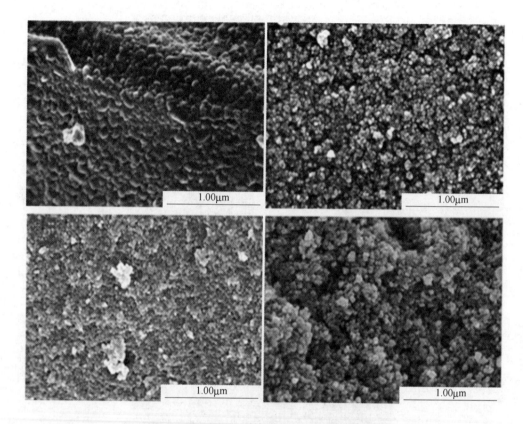

图 1-13   Dy 掺杂 TiO_2 纳米粒子的扫描电镜图

到目前为止，有关纳米颗粒上转换发光特性的报道很多。例如，A. Patra 等人的 Er^{3+} 掺杂实验是通过溶胶-乳液-凝胶法制备了 Er^{3+} 掺杂 TiO_2 和 $BaTiO_3$ 材料，并介绍了它们的荧光上转换特性。与此同时也有实验人员介绍了 Yb^{3+} 共掺杂对 Y_2O_3 纳米晶上转换发射的影响。研究表明，活性离子的局部环境对纳米粒子的上转换发光性能起着重要的作用，而活性离子的局部环境与纳米粒子的合成方法密切相关，经过实验研究发现，Er^{3+} 离子不仅具有良好的亚稳态能级，激发时间更长，而且 Yb^{3+} 离子在 980nm 附近具有较大的吸收截面，可以有效地将激发能转移到 Er^{3+} 离子上，所以掺杂 Er^{3+} 离子并被 Yb^{3+} 离子敏化的上转换材料已得到广泛研究，与此同时 Gd_2O_3 由于其较低的声子能量、较好的化学耐久性和热稳定性而成为一种优良的基质。研究中采用燃烧法和沉淀法合成了 $Gd_{1.77}Yb_{0.2}Er_{0.03}O_3$ 纳米晶样品，介绍了实验制备样品的结构表征以及上转换发光的性能。

近十年来，稀土掺杂玻璃的研究与开发一直很活跃，已成为研究的热点。图 1-14 所示为发光玻璃。稀土掺杂玻璃和光纤取得显著成就，主要体现在红外激光、光纤通信、上转换、光波导等能源和信息光电高科技领域。对于光纤通信，激光器和小型固态激光器，商业和军事都有应用，掺稀土玻璃和纤维新材料及其应用的需求已引起广泛关注。光谱学的研究和开发仍然是一个热点，主要体现在以下几个方面：掺杂发光玻璃、掺杂发光晶体、光纤放大器用玻璃和光纤，稀土掺杂敏化的新材料和新的波段激光材料，高效的 UP 转换荧光和激光材料。中国"光谷"的建设需要这些关键材料和设备的支持。尽管与世界仍然存在差距，但该领域仍有很大的发展空间，尤其是在近红外和中红外领域的研究与开发、高效蓝光转换荧光和激光材料的获取以及新型玻璃和光纤与光纤通信的匹配。一些创新也需要改进，最近的一些工作表明这些意图。中国已经能够以合理的价格提供单一的高纯度稀土氧化物，这为中国在这一领域的发展提供了物质保障。目前，人们越来越关注性能优异的红色长余辉、蓝色荧光粉和新一代铝酸盐长余辉荧光粉，特别是长余辉的研究与开发。在 21 世纪，这一领域的工作相当活跃，主要集中在发明专利上。近年来，日本开发了一种稀土氧化硫化红色长效荧光粉，实现了与铕、镁和钛共掺杂。

图 1-14 彩图

图 1-14 发光玻璃

在许多铁电材料中，钛酸锶钡（$Ba_xSr_{1-x}TiO_3$，BST）具有良好的铁电和介电性能，以及基体的光学非线性和低声子能量，可作为基体材料，并能与稀土离子大量溶解。它是一种很有前途的稀土发光基质材料。目前关于稀土掺杂 BST 材料的结构和发光性能的报道很少，BST 厚铁电薄膜作为基体材料的研究报道也寥寥可数。而在粉末和薄膜基体中，由于厚膜基体的厚度较大，基体间界面过渡层的比例较小，使得它对设备整体性能的影响也很小。与此同时，厚膜晶粒较大，材料的性能和可靠性就会优于粉体。

随着时代的发展，新型平板显示器和投影显示器的发展对具有增强光学性能的新型潜在荧光粉产生了需求。稀土掺杂的氧化物纳米结构，如纳米棒、纳米管和纳米晶体，与体材料相比，表现出显著的光学性能。稀土掺杂的纳米颗粒由于能量的改变而影响其发光效率水平。广泛稀土离子掺杂纳米结构具有色纯度高、化学稳定性和热稳定性好等优点，近年来得到了广泛的研究，发现合成过程影响合成产物的尺寸。钒酸盐（YVO_4）是一种具有氧化锆四方结构的无机发光材料，在许多显示器件中有着广泛的应用。YVO_4优异的热稳定性、坚固性和其他物理机械性使其成为制备多种光学器件的一种多用途和有前途的光源材料。此外，研究表明，纳米YVO_4：Ln^{3+}（Ln＝Eu，Dy 和 Sm）荧光粉在高清晰度平板显示器中有着重要的应用前景。YVO_4作为一种有吸引力的主体材料，在紫外光照射下能被很好地激发，并能有效地将声子能量转移到掺杂的稀土离子上。研究发现，铕和钐在许多荧光粉基质中被广泛用作潜在的发光中心。

在稀土离子掺杂纳米材料的研究中，由于稀土离子的发光具有单色性好、强度大、发光寿命长等特点，在诸多光学相关领域吸引了研究者们的广泛关注，其中 Ce^{3+}、Tb^{3+}作为典型稀土离子，在激光、信息、显示、通信领域同样具有广泛的应用前景。在目前的研究中，Ce^{3+}具有特殊的电子组态，其光发射关联 $5d \rightarrow 4f$ 辐射跃迁，是较高效的宽带吸收和发射；Tb^{3+}最强特征发光峰在 540nm 附近，与光电器件的敏感波长相匹配。Ce^{3+}和Tb^{3+}作为优异的稀土掺杂材料吸引着科研工作者的研究热情。

根据之前的报道，杨隽、闫卫平等人在 1000℃ 低温下，采用溶胶-凝胶法，以硝酸盐为原料、柠檬酸为配合剂，成功制备了 YAG：Ce^{3+}纳米荧光粉。研究结果显示，随烧结温度的升高，YAG：Ce^{3+}纳米荧光粉的结晶程度变好，同时颗粒尺寸增大。Ce^{3+}掺杂浓度为 0.06 时发光强度更为理想。刘鹏及研究小组成功制备了 Ce^{3+}、Tb^{3+}掺杂 $NaYF_4$活性壳结构材料，针对样品的活性壳结构中能量吸收、迁移和发射的每个过程进行探究，研究样品的发光效率、吸收效率和荧光量子效率之间的联系，得出活性壳增强发光的本质是因为增加了激发光的吸收效率这一结论。这对探究掺杂壳层增强发光作用的本质，以及采用能更有效地提高纳米材料发光效率的技术手段具有指导意义。

除此之外，根据一些文献报道，王智宇等人选择制备了 Tb^{3+}与不同 ZnO 含量掺杂 ZBS 玻璃。并通过一些表征手段得出随着 Tb^{3+}的$^5D_4 \rightarrow {}^7F_5$跃迁对余辉发光强度和寿命都有增益，并且随 Tb^{3+}相对含量减少，光致变色程度增强。李德川研究小组利用水热法制备 Ce^{3+}、Tb^{3+}掺杂 $KY(CO_3)_2$的稀土发光材料，研究荧光粉在近紫外区吸收效率的影响因素。实验结果表明：提高 Tb^{3+}掺杂浓度可有效增强绿光发射，然而成本较高；少量 Ce^{3+}掺杂也可以有效增强 Tb^{3+}绿光发射，且价格相对便宜，适用于量产。该发现使绿光荧光材料在防伪检测等领域内得以进一步开发应用。

Li Daoyi 等人采用共沉淀法，以不同掺杂浓度的 Eu^{3+} 和 Tb^{3+} 离子成功合成了 Y_2O_3：Eu^{3+}、Tb^{3+} 白光荧光粉，所得荧光粉通过一系列表征手段进行测试后得出：在 250~320nm 激发下，Eu^{3+} 和 Tb^{3+} 共掺杂 Y_2O_3 荧光粉显示出 Eu^{3+} 和 Tb^{3+} 的特征发射：590nm、611nm 和 629nm 处的三个来自 Eu^{3+}，而 481nm 和 541nm 处的两个来自 Tb^{3+}。Eu^{3+} 和 Tb^{3+} 离子共掺杂的 Y_2O_3 荧光粉随着温度的升高，结晶度随之增加，可以改变激发波长调整白光发光颜色。不同浓度的 Eu^{3+} 和 Tb^{3+} 离子被诱导到 Y_2O_3 晶格中，且 $Tb^{3+} \rightarrow Eu^{3+}$ 离子发生了能量转移。这种荧光粉有很强的化学稳定性且成本低廉，可以广泛应用到生产。

1.4.2 稀土掺杂领域的应用

稀土元素（RE）含原子序数为 21 的钪（Sc）、原子序数为 39 的钇（Y）和原子序数为 57 的镧（La）到原子序数为 71 的镥（Lu）（一般表示为镧系元素）。传统上，原子序数为 57 的镧（La）、原子序数为 58 的铈（Ce）、原子序数为 59 的镨（Pr）、原子序数为 60 的钕（Nd）、原子序数为 61 的钷（Pm）、原子序数为 62 的钐（Sm）、原子序数为 63 的铕（Eu）称轻稀土，原子序数为 64 的钆（Gd）、原子序数为 65 的铽（Tb）、原子序数为 66 的镝（Dy）、原子序数为 67 的钬（Ho）、原子序数为 68 的铒（Er）、原子序数为 69 的铥（Tm）、原子序数为 70 的镱（Yb）、原子序数为 71 的镥（Lu）、原子序数为 21 的钪（Sc）、原子序数为 39 的钇（Y）等均为重稀土。然而，有人将钆作为轻稀土向重稀土过渡的元素，对其没有严格的分类。实际上，大家很少讨论原子序数为 21 的钪（Sc）和原子序数为 39 的钇（Y），所以一般只研究 Ln 系元素（128~130）。一般实验人员都会选用 6 种镧系稀土元素：镧、铈、钕、铕、钆、镝作为掺杂元素，本书实验中也使用了原子序数为 62 的钐（Sm）和原子序数为 63 的铕（Eu）作为稀土掺杂离子。稀土元素的氧化态一般表现为稳定的+3 价态，稀土氧化物的通式可用 Ln_2O_3 表示。

由于查尔斯集团的开创性研究，自 20 世纪 60 年代以来，K. Kao、Erich Spitz 和 Robert D. Maurer 通过研究让人们知道了二氧化硅光纤。T. Maima 在研究中使用晶体为红宝石晶体，从同一时期起，人们就知道了激光。这两项发明分别于 1964 年和 2009 年获得诺贝尔奖。1960 年，E. Snitzer 设计并演示了第一台激光器，原理是基于稀土发光的光纤激光器，掺杂稀土是以掺钕光纤作为有源介质。这一想法相对稳定，直到 20 世纪 80 年代中期，他们制备的光纤放大器的问世带动电信业走向新的世界，并使互联网的传输速度增高以及向全球渗透。现代光子学材料和光纤激光器的研究与发展正是在这样的背景下兴起的。

掺杂三价稀土离子的上转换无机纳米粒子因其优异的光谱性能而备受关注。在近红外（NIR）半导体激光器的激励下，它很容易发出可见光。它在许多领域都表现出很大的潜力，特别是在生物、生物医学、催化剂等方面的应用，在太阳能材料领域也显示出良好的前景。目前研究主要集中在如何利用掺杂镧系元素制备出上转换纳米晶，经过多次试验证明：六方氟化钠钇（$NaYF_4$）作为荧光粉基质制备发光材料时，事实证明它在绿色、蓝色和红色发光材料中作为上转换荧光粉基质材料也是目前最有效的。

稀土发光纳米粒子的研究主要集中在表面效应和小尺寸效应对结构和性能的影响，光谱方面，因为与材料相比，纳米稀土发光材料具有一些新的现象，如电荷转移与红移、线宽、发射峰等。在纳米 Y_2O_3：Eu^{3+} 和纳米 YAG：Ce^{3+} 的光谱研究中，科学家发现了蓝移现象。蓝移的大小与 Y_2O_3：Eu^{3+} 和 YAG：Ce^{3+} 的粒径有关。这可能是由于纳米材料的巨大表面扩张力，由于表面张力不断增加并通过晶体场产生作用时，出现了光谱的蓝移，这也解释了纳米稀土离子的晶格突变现象。

纳米结构材料以其新颖的物理性能及其在各种器件中的潜在应用而备受关注。如何获得纳米颗粒是该领域最热门的话题之一，因为人们认为，当颗粒尺寸小于 10nm 时，利用量子尺寸效应可以有效控制其性质。遗憾的是，由于其尺寸小、比表面积大，导致纳米颗粒在制备过程中具有较高的反应活性，因此很难以方便的方式控制其尺寸和形状。近年来，热蒸发法在制备各种材料，特别是在纳米材料的制备和薄膜利用方面得到了广泛的应用。它具有成本低廉、掺杂简单、环境友好和柔韧性好等优点。目前对于制备方法来说，热蒸发法制备纳米材料的方法表现得既有效又可控。目前硅基光子学是一个快速发展的领域，而具有挑战性的领域之一就是找到一种基于硅的光源来源。然而，由于硅的间接带隙，其发射效率太低而不能在实际设备中使用，迫切需要找到一种有效的方法来改善硅基材料的发射效率。现在还存在许多未解决的问题，而具有高发射强度和效率的稀土掺杂硅或二氧化硅（REDS）是其中之一。为了进一步提高 REDS 的发射效率，研究在共掺杂有金属氧化物纳米粒子（MONP）的 REDS 中的制备和发光行为是令人感兴趣的。从 MONP 稀土的能量转移研究中发现，光致发光（PL）强度可以显著提高。

发光二极管如图 1-15 所示，有研究对稀土掺杂制备的荧光发光材料做了详细的表述。白光发光二极管（LED）优点在于功耗较小、效率较高、使用时间长、无毒无汞等有害物质，被认为是下一代固态照明系统。由蓝色 LED 和黄色发光磷光体 $(Y, Gd)_3(Al, Ga)_5O_{12}$：$Ce^{3+}$ 组成的传统白色 LED 具有较低的显色指数（<80），这是因为它缺少红色成分（高于 600nm）。为了开发具有更高显色指数的暖白光 LED，人们进行了许多研究来开发红色发光磷光体的稀土掺杂，

例如硫化物（CaS：Eu^{2+}）、硫氧化物（Y$_2$O$_2$S：Eu^{3+}）、Eu^{2+}掺杂的氮氧化物/氮化物、Eu^{3+}掺杂的钨酸盐和钼酸盐等，它们可由蓝色（460nm）或近紫外（370~410nm）LED激发。在上述红色荧光粉中，Eu^{3+}或Eu^{2+}被用作发光中心。此外，只有几篇论文专门介绍了固体基质中Sm^{3+}离子在蓝光（460nm）或近紫外（370~410nm）光激发下的发光特性，这两种光激发也可以发挥红色发射中心的作用。La$_2$O$_3$也是一种著名的荧光粉基质晶格材料，掺有少量Pr^{3+}、Er^{3+}、Tm^{3+}和Eu^{3+}的稀土掺杂La$_2$O$_3$荧光粉的发光性能已被广泛研究。然而，目前关于Sm^{3+}掺杂La$_2$O$_3$粉末的光致发光特性的研究报道很少。

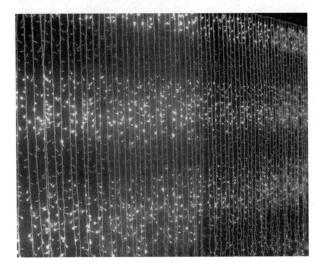

图 1-15　荧光 LED 灯

图 1-15 彩图

随着稀土掺杂纳米发光材料的不断发展，稀土掺杂纳米材料的良好性能和种类让其成为一个新兴产业。稀土掺杂纳米发光材料在信息显示、绿色照明、医疗保健、光电子等方面有广泛使用。稀土掺杂纳米发光材料具有许多独特的性质。随着纳米材料制备技术的不断发展和完善，人们采用各种不同的物理化学方法制备了不同尺寸、不同结构、不同组成的纳米发光材料，并借助各种表征方法对其光学性能进行了较为全面的研究。但仍有许多问题有待解决，如纳米颗粒分布和分离中的活化剂、界面能量传递机制的变化、声电子相互作用与材料的区别和高分辨光谱研究的发展以及探索和建立多种制备技术制备稀土掺杂纳米结构发光材料的理论体系。如何制备尺径小、晶体纯度高、分散均匀的颗粒纳米材料并显示出良好的稳定性和发光强度仍是有待解决的问题。

稀土与其他物质掺杂后，因其具有独特的催化、光电、超导等物理特性，可以组成性能优异的新型材料，具有"新材料之母"的美誉，因此稀土以掺杂的形式在诸多领域都能得到应用，尤其在发光器件中应用较广泛（图1-16）。

图 1-16　稀土发光材料在发光器件中应用

稀土掺杂在生物、生物医学等领域有着广泛的应用。张博等人研究发现，Ce 具有改变细菌细胞的表面形态、促进新陈代谢以及抗氧化等特性，在医学领域有一定的应用。张林昆等人发明了一种稀土植物增长调节剂，有改良土壤，保肥和保水，防止氮、磷、钾流失，从而增加农作物产量的作用。黄小华等人研究发现稀土-氨基酸-维生素三元配合物植物生长调节剂，能提高块根块茎植物产量与品质，其合成方法简单，反应周期短，易于生产。

稀土掺杂在光学领域同样备受关注。冯爱玲等人研究表明稀土转换纳米材料因具有能将近红外光转化为可见光的光学性质，可用于显示、探测。

1.4.3　稀土元素掺杂 SiO_2 纳米材料的研究背景

由于用纳米器件的不断发展，纳米电缆（半导体或金属）的合成包覆纳米线（有一个绝缘外壳）被认为在这方面具有重要意义。近年来，将半导体材料封装在二氧化硅纳米管的空心空腔中成为研究的热点，它可以作为半导体纳米线的保护层，防止半导体纳米线的氧化，也可以作为复杂纳米电路的构建单元。大折射率的半导体纳米线包覆在硅壳中，具有潜在的光波导应用前景。到目前为止，有几个小组已经通过热蒸发法实现了基于半导体填充二氧化硅系统的一维纳米电缆。然而，到目前为止，很少有报道涉及纳米电缆的合成半导体。因此新的合成方法是这些半导体纳米线与二氧化硅互套的需求。传统的方法已经被证明一维纳米结构的制备是通过气-液-固（VLS）或气-固（VS）机制成功地制备的。

随着纳米材料技术的不断成熟，人们对纳米结构材料的各种应用产生了极大的兴趣。纳米材料的性能与纳米晶体的晶相、尺寸和形貌的关系是一个具有根本科学意义和技术应用价值的现象，由于其独特的电子、光学、磁性和催化性能，不同形貌的掺杂氧化物代表了一类有趣的材料。通过各种技术制备的稀土掺杂发光纳米粒子得到了广泛的研究，并显示出很强的光致发光（PL）。然而，纯稀土氧化物纳米晶的制备和性能却十分匮乏。Yada 等人描述了通过十二烷基硫酸盐组装合成稀土氧化物纳米管模板。据报道，微波合成可用于制备稀土氧化物纳米棒和纳米板的氧化钐（Sm_2O_3），它们是一种重要的稀土氧化物材料。Nguyen 等人报道了使用不同封端长链烷基酸从商业散装 Sm_2O_3 粉末中制备的单分散钐纳米球和纳米棒。Yu 等人报道了利用化学方法合成 Sm_2O_3 纳米线和纳米板。Li 及其同事报道了采用乙二醇介导的水热合成法的花状 Lu_2O_3 和 Lu_2O_3：Ln^{3+} 微体系结构。Liu 等人报道了利用氢等离子体金属（HPMR）反应制备 Sm_2O_3 和 Nd_2O_3 纳米颗粒。由于其广泛的潜在应用，开发包括形貌控制的 Sm_2O_3 纳米晶在内的简单合成方法值得广泛关注。

稀土掺杂二氧化硅可以提高其自身的发光强度，从而获得发光性能优异的发光材料，这个研究已成为人们对新材料研究的一个重要热点。如果根据掺杂离子的数量来区分，稀土掺杂二氧化硅分为单掺和共掺两种类型。由于二氧化硅具有特殊的非晶结构，稀土掺杂二氧化硅的形貌和发光性能可能会受到一定程度的影响。因此，制备具有特定形貌的稀土掺杂二氧化硅材料具有重要意义。根据调查，以二氧化硅为基体制备纳米发光材料的报道较少。在镧系稀土离子中，三价铕离子是一个重要的发光中心，具有较强的红光发射。稀土 Eu^{3+} 离子掺杂发光材料的研究和制备是人们研究和制备稀土发光材料的重要方面。Bing Hu 等人利用溶胶-凝胶法将 Eu^{3+} 嵌入 SiO_2 中制备硅酸铕纳米棒，增强其发光性能。通过对产品的详细表征，样品在 395nm 激发光的激发下呈现出特征性红光发射。发射光谱在 614nm 处有最强的峰值。Eu^{3+} 离子掺杂的磷光体已被广泛地研究用于WLEDs 的红色磷光体的开发。Eu^{3+} 的荧光光谱可以提供 Eu^{3+} 在晶格中占据的位置信息，因为每个具有不同晶场对称性的 Eu^{3+} 中心在晶格中具有独特的光学跃迁 $^5D_0{\rightarrow}^7F_n$（n 为 1，2，3，4）激发谱。Eu^{3+} 中心的能级对相应阳离子的局部环境非常敏感。

1.5　二氧化硅基体及掺杂常用的制备方法

1.5.1　二氧化硅的制备

二氧化硅纳米材料的制备方法有很多，包括物理方法和化学方法。化学方法包括干法和湿法。其中干法分为气相法和电弧法；湿法分为沉淀法、溶胶-凝胶法和水热法。下面简要介绍本书制备 Sm^{3+}、Eu^{3+} 掺杂 SiO_2 纳米材料采用的方法。

气相法是将要生长的晶体材料经过升华、蒸发、分解等过程转化为气相，然后在适当的条件下使其成为饱和蒸汽，对晶体进行冷凝结晶。气相沉积有两种：物理气相沉积和化学气相沉积。本书采用物理气相沉积的方法，该方法工艺简单、成本低、纯度高，可有效控制纳米材料的生长。

溶胶-凝胶法是一种湿化学法（又称化学气相沉积法），近年来被广泛应用于材料科学和陶瓷工程。这种方法主要用于制造材料（通常是金属氧化物）。其基本原理是利用金属醇盐或金属氧化物作为水解缩聚前驱物，形成三位点网状胶体或分散在主流中的离散亚微米颗粒。金属氧化物的形成将金属中心与羰基或羟基桥连接起来，在溶液中形成金属羰基或金属羟基聚合物。因此，形成了一种包含液相和固相的胶状两相体系。溶胶-凝胶法的优点是纯度高，粒径均匀，制备过程易于控制；缺点是成本高，制备周期长，有毒性。

沉淀法是制备固体催化剂的方法之一，也是制备水彩画和溶剂萃取法的特殊技术。在水溶液中，由于悬浮颗粒在水中的沉降特性，它们在水的作用下会下沉，由于重力作用，实现固液分离。

水热法的基本原理是：将水热法制备的纳米材料通过化学反应放置在封闭容器中。反应体系为水溶液，反应体系的温度和压力较高。反应在高温高压下进行，使不溶性物质溶解和重结晶，是一种有效的无机合成和材料加工方法。在水热反应过程中，水作为溶剂、膨胀促进剂和传压介质，通过提高渗透反应速率，控制渗透过程中的物理和化学因素，可以实现无机化合物的形成和改善。

1.5.2　掺杂方法

稀土掺杂的研究是通过改变掺杂元素、主基质及掺杂手段，可以大幅度优化纳米材料的发光性能，至今已有多种技术手段可以成功制备稀土掺杂纳米发光材料。以下为常用的制备方法：

高温固相法：丁建红、李许波等人采用高温固相法以高纯 Y_2O_3、Al_2O_3、Ce_2O_3 为原料，混入一定量的助熔剂，经过高温焙烧，成功制备高发光效率的 YAG：Ce^{3+} 黄色荧光粉，并介绍了在最佳 Ce^{3+} 掺杂量的基础上加入钆对 YAG：Ce^{3+}

性能的影响（图 1-17 和图 1-18）。研究结果显示，随着钆含量的增加，YAG：Ce³⁺ 粉末的激发光谱并没有发生明显变化，发射光谱则随之增大，且发射主峰有红移的趋势。在掺入 Ce³⁺ 后，随 Ce³⁺ 含量的增加，YAG 荧光粉的发光强度呈现先增加后降低的趋势。

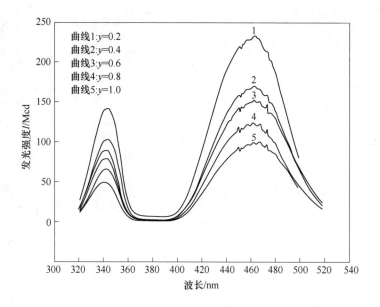

图 1-17 YAG：Ce³⁺ 黄色荧光粉的激发光谱

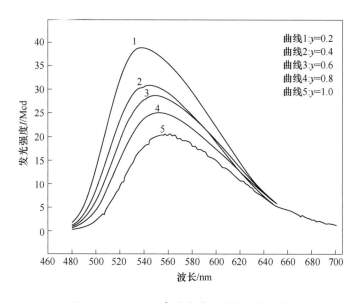

图 1-18 YAG：Ce³⁺ 黄色荧光粉的发射光谱

共沉淀法：施剑林及研究团队利用反滴定沉淀工艺，采用碳酸氢铵作为沉淀剂，以 Ce^{3+} 掺杂 $Lu_3Al_5O_{12}$ 粉体的共沉淀合成制备的 LuAG（Ge）粉体的前驱体，以不同煅烧温度探究温度对 LuAG（Ge）粉体的影响。根据结果分析，随着煅烧温度升高，晶化程度越来越好，且在 1000℃下光致发光最强。

溶胶-凝胶法：雷志高等人通过溶胶-凝胶法制备出不同的 Tb^{3+} 掺杂浓度和煅烧温度下的 $ZnAl_2O_4$：Tb^{3+} 荧光粉，得到了结晶性良好的尖晶石相。如图 1-19 和图 1-20 所示，在紫外光激发下，$ZnAl_2O_4$：Tb^{3+} 荧光粉的发射光谱出现了多处

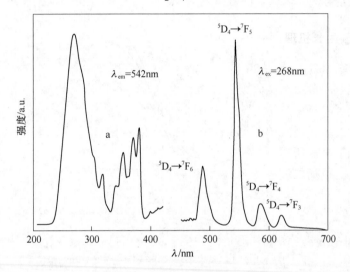

图 1-19 $ZnAl_2O_4$：Tb^{3+} 荧光粉的激发(a)和发射(b)光谱

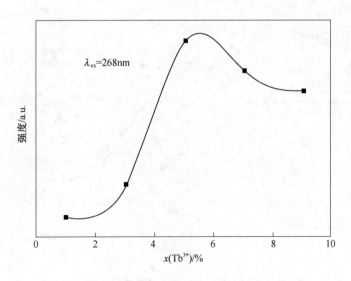

图 1-20 $ZnAl_2O_4$：Tb^{3+} 荧光粉的发光强度对比图

Tb^{3+} 特征发光峰位。研究发现，当 Tb^{3+} 的摩尔分数为 5%、煅烧温度为 900℃时，$ZnAl_2O_4：Tb^{3+}$ 发光最优，而提高煅烧温度或增加 Tb^{3+} 掺杂浓度，出现了猝灭现象。

本书利用热蒸发法，在纳米 SiO_2 材料中掺入稀土等其他元素，讨论将其掺杂对纳米 SiO_2 材料光学性能的研究有望进一步扩展其应用范围。

1.6 一维硅基微纳米材料的生长机理

1.6.1 VLS 生长机理

1965 年，Wagner 和 Ellis 发表了有关 Si 纳米线 VLS 单向生长机理的研究成果，这对后续纳米线生长机理的研究具有深远影响。简单来说，纳米线的单向生长利用了反应物原子对于催化液滴表面与固体表面的黏着系数不同这一特点。理论上，理想的催化液滴可以捕获所有 Si 原子，而与之相反的是，在高温时 Si 的固体表面几乎排斥所有 Si 原子。这一经典的 VLS 机理在目前仍然适用于许多纳米线的生长，包括二氧化硅纳米线。如图 1-21a 所示，在初始阶段，沉积在 Si 衬底表面上的 Au 颗粒与 Si 反应形成活性 Au-Si 合金液滴。在纳米尺寸范围内，一旦 Si-Au 形成合金颗粒，其熔融温度将会显著降低。在平坦表面上的催化剂的初始反应期间，如图 1-21b 所示，液滴的形状由液滴的表面张力决定，而接触角（β_0）由液体与固体界面张力之间的平衡决定。

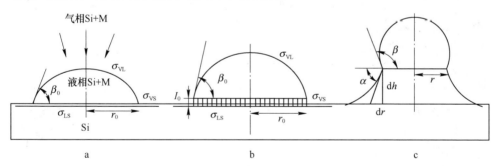

图 1-21 Au-Si 液滴的示意图

a—在基底上成型；b—纳米线开始生长；c—纳米线的小丘状根部

液滴半径为 R，即 $R = r_0 / \sin\beta_0$（r_0 是接触区域的半径）。接触角与表面张力和线张力 τ 有关，其公式如下：

$$\sigma_1 \cos\beta_0 = \sigma_S - \sigma_{LS} - \frac{\tau}{r_0} \tag{1-1}$$

对于纳米线的生长，典型的动力学实验结果是生长速率与纳米线直径有关。

纳米线的直径越大，其生长速率越快。这种生长现象基于吉布斯-托马斯效应，即液滴的过饱和度的减少与纳米线的直径有关：

$$\frac{\Delta\mu}{KT} = \frac{\Delta\mu_0}{KT} - \frac{4\alpha\Omega}{KT} \times \frac{1}{d} \qquad (1\text{-}2)$$

式中，$\Delta\mu$（即纳米线生长的驱动力）为气相中的化学势和纳米线中的化学势之间的有效差；$\Delta\mu_0$ 为平面边界情况的化学势差，即纳米线的直径趋于无穷；Ω 为 Si 的原子体积；α 为纳米线表面的特殊自由能。由于驱动力（化学势差）的变化，小直径（$<0.1\mu m$）的纳米线生长得非常缓慢。显然，存在使得纳米线停止生长的临界直径（$\Delta\mu=0$），直径小于临界值的纳米线将停止生长。直径比较大时，纳米线的生长速率比较高。在热力学平衡状态下，液滴的稳定性取决于过饱和的程度。

虽然方程可以很好地揭示大多数纳米线 VLS 生长的原理，然而并不能完整地表述 VLS 反应，理由如下：

（1）液滴尺寸可能与纳米线直径不同；

（2）二元合金（金属 Si）催化液滴的性质也会对生长过程有影响。

虽然经典的 VLS 反应可以用来推导并解释大多数纳米线的生长过程，但是当纳米线直径比较小时（$d<10nm$），不同材料纳米线的生长状况大不相同。在经典的 VLS 反应中，催化剂处于熔融状态，吸收反应物材料并形成过饱和液滴，如图 1-22a 所示。LS 界面结构对纳米线生长的影响非常关键。在液-固界面处，存在由几个原子层组成的区域，在此区域中，原子处于半熔融状态，使得原子可以容易地在晶格位置之间移动。通常，原子沉淀发生在 LS 界面。纳米线的生长速率由催化液滴中的过饱和度确定。

Wang 等人认为，在一些情况下，纳米线生长可以通过表面扩散来控制。在他提出的扩散诱导 VLS 模型中，气相分子首先落在液体表面上，然后沿着表面扩散到 LS 界面，并最终结合到固体纳米线顶端，参见图 1-22b 所示。因此纳米线的生长速率主要取决于表面浓度梯度和表面扩散系数。除了直接撞击之外，反应物原子还可以通过沿着衬底表面和侧表面的扩散而到达液滴，如图 1-22c 所示。基于该模型形成的纳米线通常在其根部呈锥状。然而，在相对高的生长温度下，由于吸附原子很难停留在固体表面，该生长模式会受到抑制。

在相同的生长条件下，金属催化剂的熔融温度具有尺寸依赖性。一方面，由于纳米尺寸效应，较小催化剂液滴具有较低的熔融温度；另一方面，由于吉布斯-汤姆逊效应，减小催化剂液滴的直径导致反应原子的溶解度较低，从而改变了催化剂的熔化温度。因此，当生长温度低于共晶点时，直径相对较小的纳米线顶端的金属催化剂会变成固体，而直径相对较大的催化剂则依旧保持液体状态。使用原位 TEM 可以观察到这种有趣的现象。

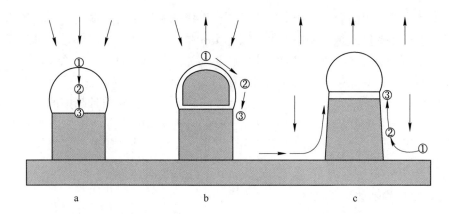

图 1-22　反应原子到达纳米线生长界面的反应模型

a—经典 VLS；b—金属液滴处于部分熔融状态，其表面和界面是液体，而液滴的核心是固体；

c—金属催化剂是固体，但界面是液体

1.6.2　VS 生长机理

气固（VS）生长不使用金属催化剂，主要用于合成金属氧化物和一些半导体纳米材料。它通常被称为自催化生长，因为纳米结构直接从气相生长。通过使用电子显微镜进行研究，人们提出了各向异性生长、缺陷诱导的生长（如通过螺旋位错）、自催化生长等较为合理的生长机制。根据液相或气相的晶体生长经典理论，生长前体对原子沉积起着至关重要的作用。衬底一般存在两种微观表面：（1）表面几层原子不能很好地排列的粗糙表面。与平坦表面相比，原子的沉积相对容易，并且如果有持续提供的足够反应物原子，纳米线将持续生长。（2）原子排列得很好的原子平坦表面。反应原子与平坦表面的结合很弱并且可以容易地返回到液/气相。通常，原子沉积仅发生在原子台阶上。

VS 方法中纳米晶体生长有两个重要因素。

（1）内部各向异性表面。因为晶体不同表面具有各向异性，例如气体反应物在特定表面上的优先反应和结合，以及所有晶体倾向于使它们的总表面能最小，所以通常会导致晶体最终呈棒状或线状。然而，由于晶体的各向异性性质的程度不显著，对于处于或接近热平衡状态的晶体，并不能期望晶体通过显著的各向异性生长成为纳米线（长度直径比大于 100 的纳米线）。

（2）晶体缺陷。螺旋位错（著名的 Burton-Cabrera-Frank 理论）可以显著增强金属和一些分子材料的晶体生长。这种经典机制基于的原理：在表面台阶的扭结位置处增加原子可以使晶体生长。即使在热平衡状态下，扭结点也总是存在于台阶上。通过在此处增加原子，晶体表面上的扭结会继续下去，因此，晶体垂直于表面生长成为纳米线。在热平衡状态下，理想的晶体应该最终不包含表面台阶。这意味着，表面台阶的形成决定了能否形成理想纳米线。事实上，在晶体生长时，生长速率比理想晶体快得多，因为实际晶体包含缺陷，如位错和孪晶。位错在理想晶体中无法终止，它们只能终止于晶体内部或表面上的缺陷处。如果位错在表面上终止并且其伯格斯矢量具有垂直于表面的分量（螺杆分量），则从位错的出现点开始形成台阶。通过位错，台阶可以卷成螺旋，并且晶体的生长大大增强，而不需要在新的表面台阶成核。在晶体中形成位错有许多原因，对于 Si 纳米线，氧原子可能在成核时引起位错。目前的研究表明，螺旋位错与纳米线生长时的几何形状有关。

1.6.3　氧化物辅助生长机理

1.6.3.1　氧化硅在成核与生长中的反应

与 VLS 机理相比，使用氧化物辅助机制进行 Si 纳米线的成核和生长是一种相对新颖的生长方式。式 1-3 描述了氧化物辅助纳米线生长的原理。从式 1-3 中可以看出，通过热效应（热蒸发或激光烧蚀）产生的气态 SiO 和 SiO_x（$x > 1$）是这种生长方式的关键因素：

$$Si(s) + SiO_2(s) \longrightarrow 2SiO(g) \tag{1-3}$$

$$2SiO(g) \longrightarrow Si(s) + SiO_2(s) \tag{1-4}$$

$$Si_xO(s) \longrightarrow Si_{x-1}(s) + SiO(s) \tag{1-5}$$

对于 Si 纳米线，气态氧化硅团簇的产生对它的成核和生长至关重要。有关氧化硅团簇 Si_nO_m（n、m 的取值范围为 1~8）的实验和理论研究表明低氧化硅团簇形成环型平面结构，而富氧化硅团簇的结构则为菱形且紧密相连成链。低氧化硅团簇具有很高的反应活性，很容易与其他团簇形成 Si—Si 键。根据边界轨道理论，通过分析氧化硅团簇的最高占据分子轨道（HOMO）和最低未占据分子轨道（LUMO）可以分析氧化团簇形成 Si—Si 键、Si—O 键和 O—O 键的反应过程。$(SiO)_n$ 团簇的 HOMO-LUMO 间隙为 2.0~4.5eV，低于 $(SiO)_2$，换言之，$(SiO)_n$ 团簇具有较高的化学反应活性。如图 1-23 所示，HOMO 主要位于团簇表面的 Si 原子上，因而这些区域具有反应活性。由于 O 原子的比例小于 0.62，所以形成两个氧化硅团簇的 Si—Si 键的反应活性显著大于形成 Si—O 或 O—O 键的反应活性。这些团簇很容易通过 Si—Si 键相结合。

团簇中 Si 原子越多，越容易形成 Si—Si 键。然而，由于富硅团簇的单个原子的结合能很高，所以它们在气相中存在的机会较小。为了在保证最高制备效率的前提下完成 Si 纳米线的制备，低氧化硅团簇中的 Si 原子与 O 原子的最佳比值应该接近 1，相关实验可以支持这一理论结果（约 49% 的 O 原子）。值得注意的是，通过富硅氧化物的沉积形成 S 纳米团簇的结晶也是可行的，存在相关的实验证明。

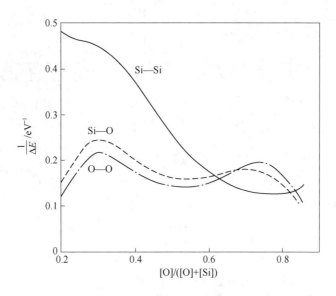

图 1-23 反应活性与 Si : O 比值的函数

1.6.3.2 缺陷对一维生长的影响

与 VLS 机理不同，氧化物辅助生长的 Si 纳米线顶端不含金属液滴。Si 纳米线中的主要缺陷是沿（112）方向生长的堆垛层错和孪晶层错，通常包含容易移动的 1/6（112）方向的错位和不易移动的 1/3（111）方向的位错。如前所述，位错和孪晶可以显著促进晶体的生长。对于在纳米线顶端的纳米孪晶，沉积在沟槽处的原子产生了沿孪晶表面方向的原子台阶。生长方向沿着孪晶表面，即（112）方向。由于顶端的位错和孪晶提供了足够的原子台阶和扭结用于 Si 原子的沉积，所以 Si 纳米线快速生长。此外，晶界或晶面处的熔化温度通常低于块状材料的熔化温度。虽然顶端包含高密度的缺陷，但在特定的生长温度下，大多数通过氧化物辅助生长的 Si 纳米线仅含有较低密度的缺陷。产生这一现象是由于退火效应，因为单晶 Si 纳米线的生长温度约为 1000℃，已经高于晶体发生再结晶所需的温度。纳米线中的残余缺陷可以通过移出纳米线的表面或通过再结晶和晶粒生长来消除。

2 实验材料、设备与表征手段

2.1 实验材料及设备

2.1.1 材料

(1) 气氛环境：氩气。

(2) 衬底：单面抛光 N 型（111）单晶硅片，如图 2-1 所示。

(3) 清除杂质溶剂：无水乙醇、去离子水。

(4) 原材料：SiO 粉末（纯度 99.99%）、CeO_2 粉末（纯度 99.99%）、Tb_4O_7 粉末（纯度 99.99%）。

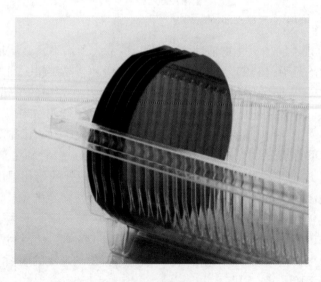

图 2-1　抛光硅片

2.1.2 设备

图 2-2 所示为超声波清洗仪（深圳超声仪器有限公司，型号 CR020S）：40kHz（工作频率），120W（超声电功率）。超声波清洗切割好的 Si 晶片并清除残留的 Si 晶粉以及来自触碰的杂质。

图 2-2　超声波清洗仪

　　电子天平秤（生产厂家为上海精科天美科学仪器有限公司）如图 2-3 所示。称量药品精确到小数点后四位，AC 100~240V（工作电压），50Hz/60Hz（频率），12W（额定功率）。

图 2-3　电子天平秤

真空泵（上海南天真空泵制造有限公司，型号为 2XZ-2）：0.37W（功率），1400r/min（转速），2L/s（吸气速度），25mm（吸气直径）。用来抽走炉内 Ar 气流吹气以及多余的氧气，确保实验中密闭的稳定气氛环境以及管内的压强。

高温管式炉（上海亿丰电炉有限公司，YFK60×600/12Q 系列），如图 2-4 所示：6.0kW（额定功率），220V（额定电压），1200℃（炉内最高温度），60mm×600mm（炉膛尺寸），以硅碳棒作为发热元件，炉内温度可用热电偶测量。图 2-5 所示是本书利用热蒸发法制备 Sm^{3+}、Eu^{3+} 掺杂纳米 SiO_2 材料的实验设备及流程简图。图 2-5 中从右往左看，最右边的是氩气瓶（argon gas bomb），其主要作用是为实验提供高纯的氩气以加快沉淀速度和保证样品分布均匀性。氩气瓶上有一个气体流量计（gas flowmeter），其主要作用是控制氩气流速，避免气体流速过大使刚刚升华的二氧化硅颗粒还没来得及沉淀在基片上就被吹走了。氩气瓶的左边为管式炉核心区域，蓝色的管子为石英管（quartz tube），好的石英管价值几十万元，石英管的主要材质是二氧化硅，要耐高温且坚硬。与石英管配套的还有石英舟（quartz boat），开始实验之前会先把材料和样品在石英舟上放好，编好样品编号并量好样品和材料的距离，记录数据之后再把石英舟平稳地放到石英管高温区间里（high temperature area）。通过电阻加热使得高温区达到 1000℃ 以上，使得源材料由固态变为气态，并通入低流量的氩气带动气态二氧化硅偏离、碰撞、凝聚成型。通入的氩气会经过尾气处理系统，白色的塑料罐里含有稀氢氧化钠溶液，利用反应 $NaOH+SiO_2 \rightarrow Na_2SiO_3+H_2O$ 可以清除尾气中携带的二氧化硅小颗粒，之后的玻璃瓶里装半瓶稀盐酸溶液，利用反应 $HCl+NaOH \rightarrow NaCl+H_2O$ 可以防止氢氧化钠外泄。这个装置的外部还配有去离子水装置，用以吸收尾气里携带的氯化氢气体。图 2-5 最左边所示为真空泵（vacuum pump），负责在开始加热之前将石英管里的空气抽出，之后缓慢通入氩气，再抽取以达到实验所需的超净与低压环境。

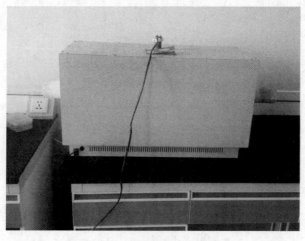

图 2-4 高温管式炉示意图

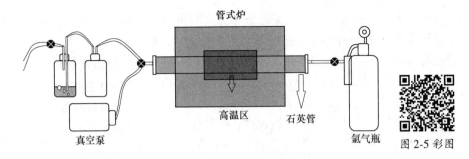

图 2-5 热蒸发法制备稀土掺杂 SiO_2 纳米材料的实验装置

2.1.3 制备

依据热蒸发法技术制备实验前，首先对硅基衬底（Si 片）进行无水乙醇清洁处理，再把将其放入装有去离子水的超声波清洗仪中进行 15min 清洗，最后取出衬底，进行干燥后以待使用。

2.2 表征测试

2.2.1 扫描电子显微镜

扫描电子显微镜（SEM）是通过仪器发射的聚焦高能电子束与产物间的相互作用来表征物质微观形貌的。其分辨率达到几纳米；放大倍数高达 30 万倍及以上，且可以连续调节，将得到产物及其衬底表面的立体微观成像。本书测试使用的仪器型号为 S-4800。扫描电子显微镜和其他分析仪器相结合，还可以分析产物的微区组成成分。图 2-6 所示为扫描电子显微镜示意图。

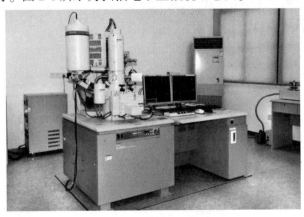

图 2-6 扫描电子显微镜

图 2-7 是扫描电子显微镜实物图与结构剖析图，其中 1 为镜筒，镜筒里有电子发射源和电子束偏转器，主要用于发射电子和控制电子落点；2 为样品室，样品室里有托盘和透射电子探测器，主要用于放置样品和检测是否存在穿透样品的电子；3 为能量色散光谱仪（energy dispersive X-ray spectrometer，EDS）探测器，主要用于接收样品激发出的 X 射线信号，并根据不同元素激发的 X 射线强度差别进一步分析样品中不同元素的含量；4 为监视器，也就是荧光屏，用于实时显示样品表面的图像和其他一些自己需要的数据变化；5 为电子背散射衍射

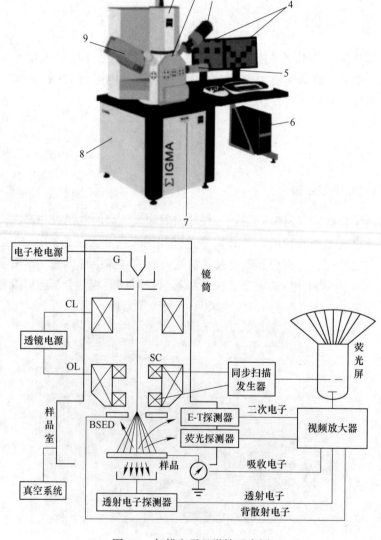

图 2-7　扫描电子显微镜示意图

（electron back scattered diffraction，EBSD）探测器，主要用于分析晶体内规则排列的晶面上产生的"衍射花样"；6 为计算机主机，主要用于分析各种探测器所传回来的数据并将它们传送到显示屏上；7 为按钮，包括开机、待机和关机；8 为底座，底座里有电子发射源和电子束偏转器的控制系统和电源，是整个 SEM 的核心；9 为波长色散谱仪（wavelength dispersion spectrometer，WDS）探测器，主要接收样品内各元素产生的 X 射线，对样品内各元素进行整体含量和大致系统性分析。

2.2.2 能谱

能谱（EDS）结合 SEM 对所扫描的产物微区，分析实验产物的化学元素成分构成，并依据生成的 EDS 谱图确定各元素含量的比例。

2.2.3 X 射线衍射谱

图 2-8 和图 2-9 所示为 X 射线衍射仪的实物图和内部示意图。图 2-9a 中，从左往右看依次是管压管流控制器，主要作用是控制电流和电压。之后是高压变压器，主要作用是放大控制器传出的交变电压信号，被放大的电压会传给 X 射线管，使其发出 X 射线，X 射线会打到样品上发生衍射（图 2-9b），发生衍射之后的 X 射线会到达探测器上，也就是计数管，计数管紧接着发出微弱的电脉冲信号，经过数据处理机处理转化，最后在记录仪上显示出结果。因为实验用到了高压，为了不使设备过热损坏，在 X 射线管周围存在冷却水循环系统。

图 2-8　X 射线衍射仪

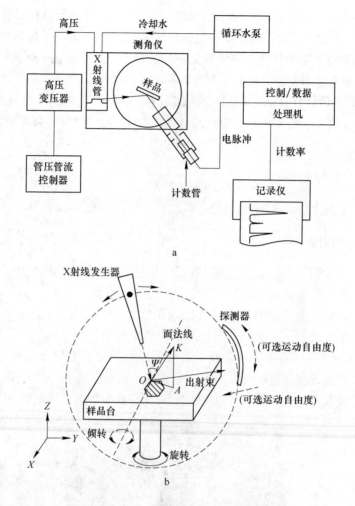

图 2-9 X 射线衍射仪内部示意图

2.2.4 拉曼光谱

拉曼（Raman）光谱是一种非弹性散射光谱，由入射光与散射光的频率作用引起，通过得到的分子振动和旋转信息，可用来分析分子的结构。本书实验中使用的仪器型号为 Labram HR Evolution。

如图 2-10 所示，拉曼光谱是通过不同入射频率的散射光谱分析样品中的空位、间隙原子、位错等内部晶格条件，从而获得分子振动和旋转信息，并将其应用于分子结构分析的一种方法。分子的简正振动过程中极化率的变化能决定拉曼光谱的谱线强度并且拉曼效应是所有分子的共性，所以可以使用拉曼光谱检测纳米材料的结构特性。因为拉曼效应的普遍性，所以拉曼效应适合所有种类分子的检测，拉曼效应还可以保持样品的完整性，其检测样品用的探针不会损坏样品，并且对分子结构的检测，对样品数量也没有要求。拉曼光谱是纳米材料研究的一大利器，因为对于纳米材料，其结构特征、键合类别、生成制备方法都会对纳米结构造成影响，十分复杂，而拉曼光谱刚好可以解决这一难题，拉曼光谱可以直观地获取纳米材料的信息，为纳米材料研究提供了重大帮助。

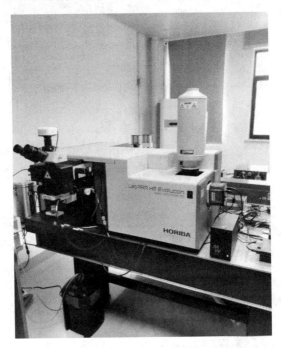

图 2-10　拉曼光谱仪

2.2.5　紫外-可见吸收光谱

紫外-可见（UV-Vis）吸收光谱主要是利用样品的分子或离子对产生紫外可见光谱的吸收程度进行分析，进而对样品的组成、含量和结构进行推断。本书是在 Lamda750 紫外可见分光光度计（PerkinElmer Corporation）上记录的紫外-可见吸收光谱，仪器如图 2-11 所示。

2.2.6　光致发光光谱

光致发光（Photoluminescence，PL）是指物质在吸收光子或电磁波后，再辐射出光子或电磁波的过程。

光致发光光谱（PL 谱）指物质在光的激励下，吸收光子跃迁到较高能级的激发态再返回低能态，释放光子后得到的光谱图。实验的测试阶段，样品分别在

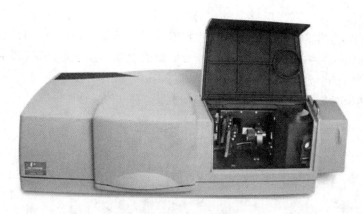

图 2-11 紫外可见光谱仪

325nm 和 532nm 波长的激发光下,通过对测试结果的分析来达到探究产物光学性能的目的。325nm 的 He-Cd 激光源,如图 2-12 所示,其测试的范围达到 $1\mu m$,能检测到硅片表面生长的纳米材料。

图 2-12 激光器

3 稀土掺杂二氧化硅低维材料的制备及性能

3.1 Ce³⁺掺杂 SiO₂ 微/纳米材料及发光性能

3.1.1 引言

至今，不同的稀土离子掺杂物在光学性能研究中呈现出多种色彩的强光及很长寿命的发光特性，应用于激光、显示及荧光等领域。硅基纳/微米材料因其优异的物理和力学性能，广泛地应用在绝缘、光学和生物医学等领域。

SiO_2 纳米材料因其独特的优异性能作为一种重要的纳米材料，在人们生活中已经应用到了方方面面。SiO_2 纳米材料质量十分轻，分散性能好，其补强性、透光性、增稠性以及触变性等性能使其掺入橡胶、油墨、化妆品及隔热材料的制造业当中；纳米 SiO_2 材料存在大量的纳米孔、粒径很小、比表面积大及吸附能力强，在催化、吸附、光致发光等各个领域也同样占有重要的地位。因此，研究人员采用各种技术手段来开发拓展 SiO_2 纳米材料更多的可能性。依据目前的研究成果，制备出尺寸均匀、稳定性高、结晶性能好又拥有可控光学性能的纳米结构材料，这仍将是现阶段需要解决的问题。

查阅多篇已有报道中，采用溶胶-凝胶法制备了 Ce^{3+} 掺杂纳米材料，这启发了本节同样采用 Ce^{3+} 作为掺杂物，用以掺杂二氧化硅材料来进行实验。采用一种低成本、操作简便，而且低耗的制备方法合成样品。本节选择了在 Ar 气的气氛环境下，无催化剂等实验条件下，利用热蒸发法制备稀土 Ce^{3+} 掺杂纳米级 SiO_2 材料，探究产物的发光性能，这将对能够选择高效地制备 Ce^{3+} 掺杂纳米材料的实验技术具有很高的参考价值及研究意义。

3.1.2 实验

3.1.2.1 实验制备

实验中采用热蒸发法，首先清洁好各种实验用具，如表 3-1 所示，将 CeO_2 与 SiO 粉分别以不同比例混合，于研钵中研磨好后，平铺于石英舟的一端（称取的药品质量控制在 0.6g 之内），准备好数个规则的衬底（Si 片）依次亮面向上放置在距药品 1cm 外的另一端，再把石英舟放入两端开口的石英管内，随后将药品的一端置于高温管式炉的中心高温加热范围内。升温之前采用真空泵对系统进行 3 次抽真空操作，并在每次抽真空过后以通惰性气体——Ar 气的方式，尽可能清除腔内自然空气，再以 25mL/min 的恒定速率下通入 Ar 气，将炉子升温至 800℃，把 Ar 流量设定为 30mL/min。继续将炉子温度升高达到 1150℃，保温 2h 后可切断电源，降温过程中设定 Ar 流量为 10mL/min，待腔内温度冷却至室温，取出样品。升温、保温及降温过程中一直通入载气 Ar 气，可以在硅基片上发现生长有白色絮状或颗粒状沉积。

表 3-1 SiO 与 CeO$_2$ 混合质量比例

质量比例/%	SiO 质量/g	CeO$_2$ 质量/g
0	0.3	0
4	0.3	0.012
5	0.3	0.015
6	0.3	0.018
8	0.3	0.024

3.1.2.2 测试表征

实验样品的测试中，采用了多种表征技术来分析产品的元素组成、微观结构及微观形态，本节借助了能谱射线分析、X 射线衍射仪以及扫描电子显微镜；分析产品的振动峰位以及发光峰位来源，借助了拉曼散射以及在 532nm、325nm 不同波长激发光源激发等。

3.1.3 结果和讨论

3.1.3.1 实验结果

为了解实验制备样品的形貌结构，利用扫描电镜（SEM）对生成物进行了室温下测试分析。图 3-1 所示为 Ce^{3+} 掺杂制备 SiO$_2$ 微/纳米材料的形貌图。图 3-1a、b、c、d 和 e 分别对应着 0%、4%、5%、6% 和 8% 等不同质量比浓度的反应源制备 SiO$_2$ 纳/微米材料的产物。实验中的反应温度为 1150℃，在饱和蒸气压下，样品在 Ar 气流动气氛下沉积在 Si 晶片上。通过扫描电镜观测到图 3-1a~e 样品的形貌主要是一维结构。图 3-1a 是未掺杂的 SiO$_2$ 纳/微米线样品，直径为 200~500nm。图 3-1b、c 分别为 4%、5% Ce^{3+} 掺杂制备 SiO$_2$ 纳/微米材料的产物形貌，其纳米线的直径分别在 20~70nm 及 20~50nm 之间，纳米线数量较稠密且纳米线在硅片上呈均匀生长。图 3-1d、e 分别是 6%、8% Ce³⁺掺杂制备的 SiO₂纳/微米材料样品产物的生长形貌，直径在 100~200nm。对比掺杂不同浓度的样品生长形貌，直径表现出随着浓度增加呈先减小后增加的趋势，沉积密度先增加后减小，制备的样品在基底上具备较好的分散性，其中 4% 和 5% 样品的直径分布较均匀，生长效果较好。

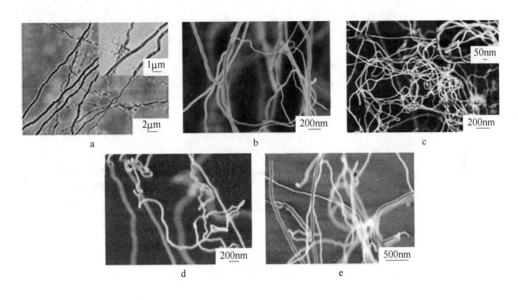

图 3-1 Ce³⁺掺杂 SiO₂ 微/纳米棒的 SEM 图

CeO₂掺杂浓度为：a—0%；b—4%；c—5%；d—6%；e—8%

为了解实验制备样品的晶体结构，利用 XRD 衍射对实验合成的沉积物进行衍射分析。图 3-2 所示为各掺杂浓度下得到的样品的 X 射线衍射谱对比图，谱图中衍射峰的峰位在 2θ 为 21.4°、23.88°、26.4°、28.5°，经 JCPDS 比对卡认证，均对应于晶体 SiO₂（JCPDS 34-0717），不同的是未掺杂 SiO₂纳/微米材料的 XRD 衍射谱中显示出 Si 衬底的衍射峰，位于 68°处，对应 Si（JCPDS 27-1402）。图 3-3 显示的是 21.4°、23.88° 和 26.4°衍射峰对应于不同掺杂浓度下制备样品的峰位对比图谱。如图 3-3 所示，掺杂后，衍射峰存在向小角度偏移的趋势，此现象在前人的科研工作中也被报道过。根据相关文献对比发现：当样品的衍射峰具有向较小衍射角度略偏移的趋势，掺杂的稀土离子很可能进入 SiO₂结构中 Si⁴⁺占位，其中 Si⁴⁺离子半径约为 40pm。如表 3-2 所示，由于稀土离子的半径大于 Si⁴⁺离子半径，成功掺入后，SiO₂的晶格体积会发生轻微增大的现象。此外随着反应源中 Ce³⁺浓度增加，衍射谱峰的强度呈现逐渐增强的趋势，这说明样品的微观结构中结晶相含量较高。

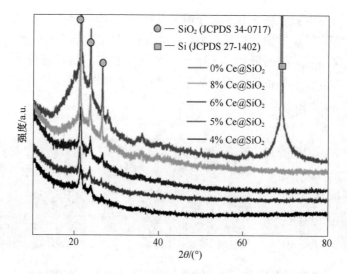

图 3-2 彩图

图 3-2 利用 Ce^{3+} 掺杂制备 SiO_2 的 XRD 对比图

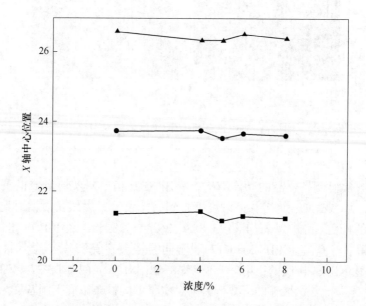

图 3-3 不同浓度 Ce^{3+} 掺杂 SiO_2 下样品中心峰位的位置对比图

表 3-2 Si 与 Ce 元素的物理性质

元素	原子序数	电负性	共价半径/pm	离子半径/pm
Si	14	1.90	118	42 (+4)
Ce	58	1.12	165	103.4 (+3)

为了进一步探究不同浓度的 Ce^{3+} 掺杂对 SiO$_2$ 纳/微米线产物的影响，图 3-4 所示是不同浓度的 Ce^{3+} 掺杂 SiO$_2$ 纳/微米线的 Raman 散射图谱，图中显示出在 308cm^{-1}、522.6cm^{-1}、621.5cm^{-1} 和 917~1046cm^{-1} 有振动峰位。通过探究得知在 964cm^{-1}、976cm^{-1} 处的振动峰与制备的 SiO$_2$ 有关。在 522.6cm^{-1} 处的振动与 Si 的一阶光声子相关，同时，Si 的两个横向声学声子及光学声子作用在 308cm^{-1} 和 970cm^{-1} 处的振动展现出来。SiO$_2$ 的表面声子振动模式（SPM）以及 Si—O—Si 的对称拉伸运动的作用分别在 964cm^{-1} 和 976cm^{-1} 附近引起了振动。同时在谱图中的 621.5cm^{-1} 位置也发现微弱振动峰，这可能来源于实验中形成的硅酸盐。而 960cm^{-1} 附近的拉曼峰可能来源于 Si—O—M（M 代表金属），本实验振动峰在 917~1046cm^{-1} 附近，峰位基本相近，没有发生明显的偏移。

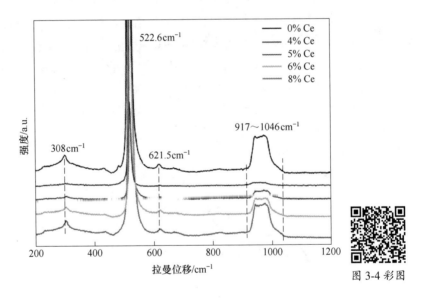

图 3-4 彩图

图 3-4 不同浓度的 Ce^{3+} 掺杂 SiO$_2$ 纳/微米线的 Raman 光谱图

3.1.3.2 生长机制

据前人的研究可知，纳米材料的生长一般遵循着 VS（气-固）或 VLS（气-液-固）的机理。本次实验中，通过测试 Ce^{3+} 掺杂 SiO$_2$ 纳/微米线的产物，得到的 SEM 图中纳/微米线顶端未出现金属液滴，这说明实验过程中不存在金属催化，因此 Ce^{3+} 掺杂 SiO$_2$ 纳/微米线的制备可能遵循 VS（气-固）生长机理。根据前人的研究结果，随温度升高，SiO 与 O$_2$ 可以反应生成 SiO$_2$，当管式炉腔内的蒸气压达到过饱和时，气态 SiO$_2$ 分子可能发生沉积作用，而本节中使用了 Ar 作为载气，因而在载气的带动下，气态分子在低温处的基底上发生沉积作用。沉积过程先成核，后生长，温度较高的区域靠近反应源，优先沉积纳米粒子。反应方程式为：

$$2SiO(g) + O_2(g) \longrightarrow 2SiO_2(s) \tag{3-1}$$

3.1.3.3 光学性能

为更加了解产物性能，本节利用纯 SiO_2 纳/微米材料结构与 Ce^{3+} 掺杂后的 PL 光谱图进行对比。在 532nm 波长的激光激发下，从图 3-5 中可发现，各浓度的谱线中均存在 540~700nm 的宽带发光峰，属于黄光至红光发光区域。发光中心在 570nm 附近，这部分区域发光来源于 SiO_2 的结构缺陷中的氧缺陷复合中心发光。谱图中没有呈现出 Ce^{3+} 的特征发光峰，但相比于未掺杂的 SiO_2 纳米线（0%的谱图），掺杂后 SiO_2 纳米线均表现出明显的发光增强特性。根据文献报道，发光增强的原因可以归结为随着 Ce^{3+} 掺入 Si^{4+} 原子序数增大，离子半径增大，更有利于填隙，增强发光。谱图中还发现了发光中心红移的现象。如图 3-5 中的插图所示，随着制备时掺杂浓度增加，发光峰红移的幅度先增大后减小，在 6%时，此趋势较明显，根据文献报道，这种红移现象与 Ce^{3+} 离子联合周围晶格振动引起的四方畸变有关，振动引起的变形具体指的是在十二面体位置（D_2 对称）Ce—O 键的对称压缩和弯曲运动。

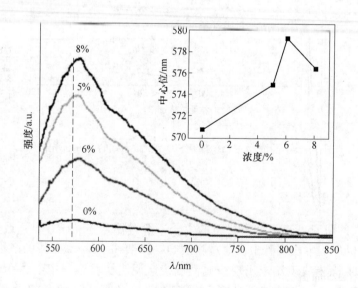

图 3-5　在 532nm 激发波长下，不同浓度 Ce^{3+} 掺杂 SiO_2 纳米线的光致发光对比图谱及其发光中心位变化趋势图谱

图 3-6 所示为 325nm 波长光激发下，掺杂制备产物的光致发光谱图。对于未掺杂（0%）的 SiO₂纳米线，存在一个 400~600nm 的发射宽带。而 4%、5%、6% 和 8% 浓度下的发光峰位相似，存在多个光致发光峰，峰位中心分别在 355nm、413nm、433nm、550nm 和 710nm 附近。355nm 附近的发光峰随掺杂浓度增加，出现发光中心位蓝移现象，蓝移幅度为 3~4nm。根据文献报道，此蓝移可能是由晶格膨胀导致 Ce³⁺的 5d 配体场分裂减少所引起的。前人对于多孔 SiO₂的研究中，也发现了在 350~360nm 附近的紫外发光峰。同时，413nm 和 433nm 发光峰也自于 SiO₂，其中 433nm 附近的发光峰可能来源于 SiO₂的本征缺陷发光。550nm 附近的发光可能来源于样品中的氧缺陷，这种氧缺陷的出现是由于在实验过程中，管式炉内通入 Ar 为保护气体，致使炉内氧含量不充足。有报道显示此位置的发光中心归因于样品内部包含的中性氧空位。对于未掺杂（0%）的 SiO₂纳米线，在 355nm 附近并未出现发光峰位，但随着浓度的增加，该区域的发光峰强度发生了先增加后降低的变化，4% 和 5% 浓度下表现为发光较强，由此说明 Ce³⁺掺杂可以明显改善 SiO₂纳米线的发光强度，但随着掺杂浓度的增加，产生了猝灭现象。查阅文献得知，这是由于在高浓度的 Ce³⁺掺杂结构中，能量在转移过程中更容易被晶格中存在的陷阱俘获，从而使样品的发光显示出浓度猝灭的现象；710nm 附近的发光峰来自 355nm 的倍频峰。

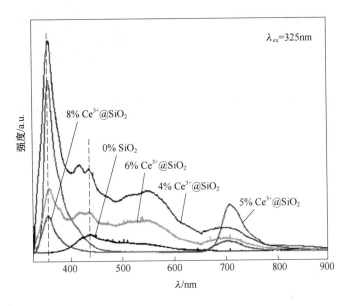

图 3-6 在 325nm 激发波长下，不同浓度 Ce³⁺掺杂制备 SiO₂纳米线的光致发光对比图谱

（其中 4% 和 5% 浓度发光强度为原强度的 1/5）

经以上分析可知，在 532nm 和 325nm 波长的激光激发下，相比于未掺杂的

SiO_2纳米线，Ce^{3+}掺杂所制备SiO_2纳米线的发光性能明显增强。随着制备过程中掺杂浓度增加，样品的光致发光存在浓度猝灭的效应。其中，4%和5%浓度下制备样品的发光性能最强。

3.1.4 小结

（1）利用CeO_2和SiO粉按照不同比例混合作为反应源，通过热蒸发法制备Ce^{3+}掺杂SiO_2纳/微米材料。4%和5%浓度下制备的样品在基底上具备较好的分散性，样品的直径分布较均匀，生长效果较好。由于Ce^{3+}的离子半径大于Si^{4+}的，掺杂后使得SiO_2的晶格略微加宽，致使XRD谱图中的峰值出现向低角度偏移的趋势。掺杂制备纳米线的生长遵循VS（气-固）生长机理。

（2）对不同浓度Ce^{3+}掺杂制备SiO_2纳/微米材料在532nm激发光下进行PL测试发现，相比于未掺杂SiO_2纳米线，掺杂后SiO_2纳米线均表现出明显的发光增强特性，原因可能是掺杂后产物结构中的离子半径变大，填隙作用更加突出，在此影响下增强了SiO_2的缺陷发光。掺杂后的发光谱中还发现了发光中心红移的现象、红移效应与Ce^{3+}离子周围的静态和振动引起的四方畸变有关，振动引起的变形具体指的是在十二面体位置（D_2对称）Ce—O键的对称压缩和弯曲运动。

（3）利用325nm激发光下的PL测试发现了由晶格膨胀导致Ce^{3+}的5d配体场分裂的减少而引起的发光峰轻微蓝移的现象。随反应中掺入离子的浓度增加，生成物的发光强度发生了先增强后降低的变化，这是由于能量在高浓度的Ce^{3+}之间传递，一部分更容易被晶格中某些陷阱所俘获，导致出现了浓度猝灭效应。其中发光强度最优的是浓度4%~5%时制备的Ce^{3+}掺杂SiO_2纳/微米材料。

3.2 Tb^{3+}掺杂SiO_2微/纳米材料及发光性能

3.2.1 引言

至今为止，稀土掺杂半导体材料的研究主要集中在稀土掺杂ZnO纳米材料，稀土掺杂的ZnO纳米发光材料应用的各种技术手段制备相对来说较为成熟，稀土掺杂SiO_2纳米材料的研制较为欠缺。

Tb^{3+}的主要能级跃迁（$^5D_4 \rightarrow {}^7F_5$），掺杂纳米材料为四方晶相结构，由于$Tb^{3+}$半径大及重离子的特点，实际上很多实验办法并不容易成功实现掺杂。因此，Tb^{3+}掺杂半导体纳米材料的问题仍有待解决。

研究发现，不同浓度稀土Ce^{3+}掺杂SiO_2纳/微米结构的光学性能显示了稀土掺杂可以有效改善纳米材料的发光强度，由此，本节设想以Tb^{3+}为掺杂元素继续制备稀土掺杂纳米材料，以探讨不同种类的稀土元素对纳米材料光学性能的影响因素，进而揭示纳米结构材料物化性能调控机制。

由于 Tb^{3+} 离子半径较大，导致掺杂后 SiO_2 晶格体积轻微增大，微米线直径增大。另外利用 PL 测试手段可以观察到 Tb^{3+} 掺杂 SiO_2 的样品受到 325nm 及 532nm 的激发波长激发时，掺杂 Tb^{3+} 的样品发光强度明显增强，且不同于传统的 SiO_2 纳/微米材料，掺杂后 SiO_2 将能量传递给 Tb^{3+}，样品均展示出 Tb^{3+} 的特征发光性能。

3.2.2 实验

将纯度为 99.99% 的 Tb_4O_7 粉和 SiO 粉均匀混合，调整反应源成分配比，$Tb_4O_7 : SiO = 0.015g : 0.5g$ （3%）以及 $Tb_4O_7 : SiO = 0.020g : 0.5g$ （4%），在研钵充分研磨后，铺在石英舟一端；沿着石英舟在距离反应源 1cm 之外顺次放置多个洁净的 N 型 Si（111）片衬底，取一小石英管，将实验所用的石英舟放入其中，再将整体装置放置于加热炉的加热区。把装有反应源和衬底的石英舟放入石英管内，并使反应源的一端置于开口处，将石英管放入管式炉内，将反应源处于高温中心正下方，连接好装置后，抽三次真空，利用流量为 25mL/min 的 Ar 气流作为载气，开机加热，保证设备加热区的温度为 1150℃，2h 后反应结束，可以降至室温，取出装置，可在基底上发现白色絮状样品的合成。

3.2.3 结果和讨论

3.2.3.1 实验结果

实验中对 Tb_4O_7 和 SiO 混合质量比例为 3% 时所制备样品的 SEM 测试分析，观测沉积物的形貌和结构。实验中样品沉积在炉内腔体的低温区，炉腔内存在固定的温度梯度，图 3-7a~c 分别显示了在一个较小温差范围内沉积物的形貌图。根据实验室测得管式炉温度梯度变化以及基底硅片放置方式，实验中，加热中心温度为 1150℃，图 3-7a~c 显示沉积温度分别为 1140℃、1135℃和 1130℃。沉积物中包含直径为 $0.1 \sim 0.2 \mu m$ 的微米颗粒状样品，图 3-7a 中还生长着少量的微米线，其长度大于 $20 \mu m$，直径为 $200 \sim 500nm$；而图 3-7b 和 c 中并未发现微米线的存在。对比发现，随着温度的降低，样品生长密度降低，可由此推测出 1140℃下更有利于样品的生长。为了检测产物的元素信息，对 Si 衬底生长的产物进行了元素分析，图 3-7d 为生成物的 EDS 能谱图，如图所示，生成物中主要包含 Si 和 O 元素，可能由于 Tb 含量较低，能谱中未探测到 Tb 元素。

为了解样品结构变化的影响因素，在保持相同实验参数的条件下，将 Tb_4O_7 和 SiO 混合质量比例调整为 4%，并对制备样品进行了 SEM 和 EDS 测试。图 3-8 a~c 对应沉积温度为 1140℃、1135℃和 1130℃。由图片可观察到：图 3-8a 整体

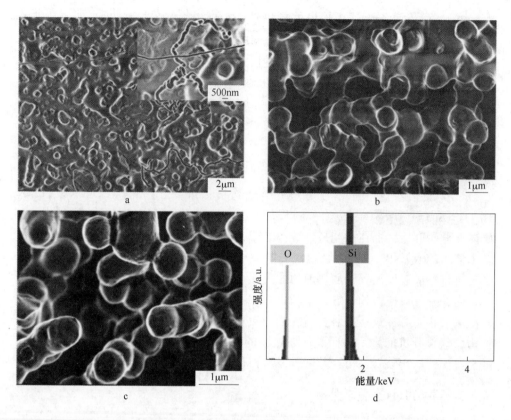

图 3-7 Tb₄O₇浓度为3%时制备样品的 SEM 图(a~c)以及 EDS 图(d)

形貌为长度大于 20μm 的微米线，直径范围为 100~400nm；图 3-8b 衬底为直径 200~300nm 的纳米晶粒，晶粒上生长着直径小于 200nm、长度约为 500nm 的棒状晶柱；图 3-8c 中显示大量直径范围在 200~300nm 的微米晶粒。可以观察到随着温度的升高，样品形貌从晶粒到棒状晶柱到线状微米线，长度越来越长，直径越来越小。实验中使用的反应源含有主要元素为 Si 和 O，掺杂元素为 Tb，通过图 3-8d 中对沉积物的 EDS 元素分析能谱可以看出，所制备的样品中主要包含 Si 和 O 元素，同时伴随少量 Tb 元素存在。两种不同浓度掺杂下的样品均具备颗粒结构及一维结构，其中 4%掺杂比例所制备的样品直径略小。

为了进一步确定产物结构，利用 XRD 对制备的产物进行结构衍射分析。图 3-9 显示热蒸发法制备 Tb³⁺掺杂 SiO₂纳米材料的 XRD 对比图。可以观察到 Tb³⁺质量混合比例为 3%和 4%的 XRD 衍射图谱中，衍射峰的峰型与峰位相近。峰位在 2θ 为 21.3°、23.6°、26.5°及 34.6°，经 JCPDS 比对卡认证，均对应于六角晶体 SiO₂（JCPDS 03-0419）。峰位在 2θ 为 27.7°和 35.9°也存在晶体结构衍射峰，均对应于 SiO₂四方晶相（JCPDS 04-0379）。

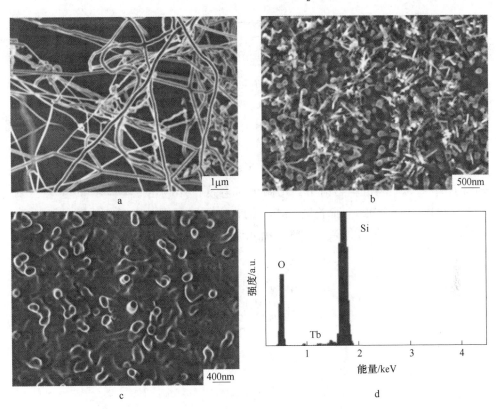

图 3-8 掺杂浓度为 4%制备样品的 SEM 图(a~c)和 EDS 图(d)

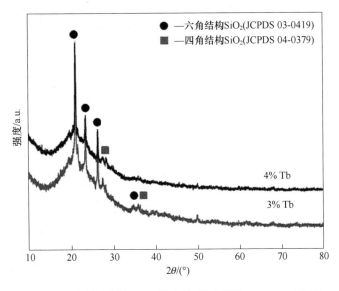

图 3-9 Tb^{3+}掺杂制备 SiO$_2$微米线/微米颗粒的 XRD 对比图

　　为了进行对比分析，利用同样的热蒸发法，不掺杂任何其他元素或化合物，制备出纯 SiO_2 纳/微米材料，并进行了 XRD 测试，衍射谱图如图 3-10 所示。峰位在 2θ 为 21.4°、23.7°、26.5°及 34.7°，经 JCPDS 比对卡认证，均对应于六角晶体 SiO_2（JCPDS 03-0419）。峰位在 2θ 为 27.7°、35.9°也存在晶体结构衍射峰，对应于 SiO_2 四方晶相（JCPDS 04-0379）。对比峰位可知，掺杂制备的样品中衍射峰整体向低角度偏移 0.1°。根据文献报道，这可能归因于 Tb^{3+} 掺入了基质 SiO_2 结构中的 Si^{4+} 占位。其中掺杂的 Tb^{3+} 离子半径为 $0.923 \times 10^{-10} m$，比基质元素 Si^{4+} 离子半径 $0.26 \times 10^{-10} m$ 大，由此推断掺杂 Tb^{3+} 后，晶格体积存在略微增大。未掺杂 SiO_2 纳/微米材料的衍射谱中，还存在 Si 衬底的结构信息，位于 69.1°处，对应 Si（JCPDS 27-1402）；而掺杂 Tb^{3+} 后的 SiO_2 衍射谱中并未在此处发现衍射峰，衍射谱中也没观察到其他杂质出现，由此证明 Tb 元素在生成物中并不是以 Tb 氧化物晶体的形式出现。

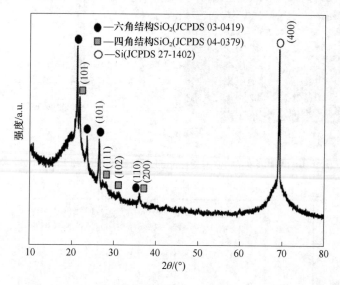

图 3-10　热蒸发法制备 SiO_2 纳米材料的 XRD 图

　　图 3-11 所示为 Tb^{3+} 掺杂制备 SiO_2 纳/微米材料的 Raman 光谱图，图中显示出在 $299 cm^{-1}$、$522 cm^{-1}$、$616 cm^{-1}$ 和 $914 \sim 1048 cm^{-1}$ 有振动峰位。其中在 $522 cm^{-1}$ 处的振动与 Si 的一阶光声子相关，同时 Si 的两个横向声学声子及光学声子的作用在 $299 cm^{-1}$ 和 $970 cm^{-1}$ 处的振动展现出来。在 $964 cm^{-1}$、$976 cm^{-1}$ 处的振动峰位与实验制备的 SiO_2 有关，根据前人报道，SiO_2 的表面声子振动模式（SPM）以及 Si—O—Si 的对称拉伸运动的作用分别会在 $964 cm^{-1}$ 和 $976 cm^{-1}$ 附近引起振动。同时，在 $616 cm^{-1}$ 处可观察到微弱振动峰，这可能来源于 SiO_2 反应后产生的硅酸盐。另外，关于在 $917 \sim 1046 cm^{-1}$ 附近的振动宽峰的归属，可

参考文献所述，960cm⁻¹附近的 Raman 散射峰，有可能是归因于 Si—O—M（M 代表金属）。本实验振动峰位较宽，包含了 960cm⁻¹不同浓度制备样品的 Raman 峰都显示了 SiO₂结构的生成，4%浓度下制备样品的峰强度略高，Raman 振动信号较强。

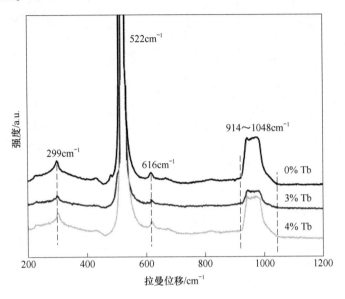

图 3-11　不同浓度的 Tb³⁺掺杂 SiO₂纳/微米材料的 Raman 光谱图

3.2.3.2　生长机制

本实验制备产物的 SEM 图中显示的微米颗粒顶端未出现金属液滴，说明该生长过程中没有金属催化影响，Tb³⁺掺杂 SiO₂纳米棒的制备可能遵循 VS（气-固）生长机理。实验中 SiO 与 O₂在温度约为 1150℃下反应生成气态 SiO₂，在饱和蒸气压和 Ar 气流作用下，气态 SiO₂受到气流的牵引沉积在温度不同的衬底区域上，温度较高的区域优先沉积，故而生成的样品较多，在 Si 片表面形成了一层氧化硅，并在薄膜上生长出尺寸更小的微米线。推断在衬底生成微米线的同时，Tb³⁺替代少量 Si⁴⁺进入 SiO₂晶格中。而在温度及氧浓度较低的区域，沉积物减少，微米线生长受到抑制，从而更容易形成大尺寸的微米颗粒。

反应方程式为：

$$2SiO（g）+ O_2(g) \longrightarrow 2SiO_2(s) \tag{3-2}$$

3.2.3.3　发光性能分析

图 3-12 所示为室温下利用 532nm 的激发波长对生成产物进行 PL 测试。

图 3-12 中在掺杂和纯 SiO_2 样品中均观察到 571nm 处的发光峰。根据文献报道这一区域的发光来源于 SiO_2 的结构缺陷中的氧缺陷复合中心发光。通过对比曲线，可以发现反应源中掺杂质量比例为 4% 时，发光强度增幅更为明显。由此可以得出，掺杂 Tb^{3+} 后可以明显改善 Tb^{3+} 掺杂 SiO_2 纳/微米结构材料的发光性能。

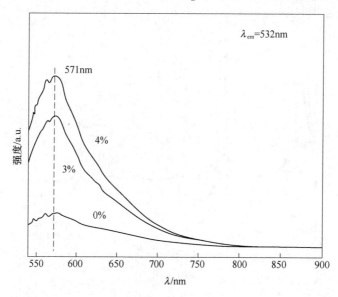

图 3-12　532nm 激发下 Tb^{3+} 掺杂 SiO_2 纳/微米结构与 SiO_2 微米材料的 PL 光谱图

　　为了进一步观察研究，利用 325nm 波长的激光激发，并在室温下用荧光光谱仪记录。从图 3-13 中可以观察到，在 360nm、417nm、436nm、549nm 和 712nm 处存在发光峰。这些发光峰大部分来自 SiO_2，其中 360nm 的紫外发光也在多孔 SiO_2 等研究中观察到，417nm 和 436nm 来源于 SiO_2 的本质缺陷发光，549nm 附近的发光来源于 SiO_2 制备过程中形成的中性氧空位。712nm 为发光倍频峰。谱图中还显示 Tb^{3+} 掺杂 SiO_2 纳/微米结构的发光强度明显比未掺杂 SiO_2 材料的发光更强，说明 Tb^{3+} 的掺杂可以改善 SiO_2 纳/微米结构材料的发光性能。此外，549nm 附近的光致发光强度明显增强，通过查阅文献得知，Tb^{3+} 在不同波长荧光激发下均在 543~545nm 处出现了明显的发光峰，这种发光被普遍认为来自 Tb^{3+} 的 $^5D_4 \rightarrow {}^7F_5$ 的能级跃迁。在 553nm 附近位置的光致发光峰的明显增强可能源于 SiO_2 及 Tb^{3+} 的发光叠加。

　　基于两种不同波长的荧光激发下，掺杂 Tb^{3+} 的 SiO_2 微米球样品均表现出比纯 SiO_2 纳/微米结构产物更优的发光特性，掺杂浓度为 4% 制备 SiO_2 纳/微米结构的发光强度略高于 3%，说明 Tb^{3+} 的掺杂可以有效改善 SiO_2 纳/微米结构材料的发光性能。

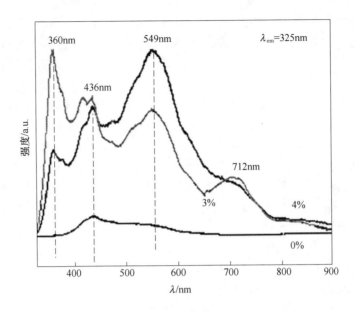

图 3-13 325nm 激发下 Tb³⁺掺杂 SiO₂纳/微米结构与 SiO₂微米材料的光致发光图

3.2.4 小结

以 SiO 粉和 Tb₄O₇ 粉末为反应源，Tb₄O₇ 质量比例设置为 3% 和 4%，通过热蒸发法制备了 Tb³⁺掺杂 SiO₂微米材料。对产物进行结构和发光性能表征发现，随沉积温度升高，样品生长密度增加。SiO₂微米线/微米颗粒生长机制遵循 VS（气-固）生长机理。掺杂 Tb³⁺后，样品的发光峰同时出现了 SiO₂的本征发光和 Tb³⁺的特征发光峰。Tb³⁺的 SiO₂纳/微米结构样品均表现出比未掺杂的 SiO₂样品更强的发光特性，其中浓度为 4%时，发光强度更高些。这对 SiO₂材料在光学领域的应用具有重要的意义。

3.3 Sm³⁺掺杂 SiO₂微/纳米材料及发光性能

3.3.1 引言

近年来，稀土离子掺杂主体材料的研究与开发取得了长足的进展。稀土配合物发光具有高单色、高亮度、高识别率和连续发光寿命的优异性能，在发光材料中有较大的比重。随着科学时代的到来，研究成果日益增加，稀土掺杂的纳米发光材料的应用范围也很广阔，如信息显示、激光材料、光纤通信，甚至荧光探测（在分子水平上明确金属离子的生物学效应可能的分子机制）。硅基纳/微米材料因其独特的结构和特性在微电子领域的应用受到广泛关注。SiO_2 材料由于其优异的物理和力学性能而成为这些结构的重要组成部分之一，它的性能和独特的纳/微米结构使其在光致发光、透明绝缘、光波导、光化学和生物医学领域具有广阔应用的前景。

SiO_2 纳米材料作为典型的纳米材料，其量子尺寸限制效应和不同类元素独特的光电特性相结合，在生物医药方面及纳米器件集成电子领域具有广泛的应用前景。研究人员通过实验证明，二氧化硅纳米材料自身具有许多光学以及化学特性，这些纳米材料的电学、光学和力学性能与体材料不同。因此，人们利用各种方法来开发这种纳米材料。目前，制备高产量、结晶性好、尺寸均匀且具有光学可调性的纳米结构材料仍是现阶段研究的要点。之前有报道采用溶胶-凝胶法制备了不同 Sm^{3+} 掺杂纳米阵列材料，这启发着继续做出用 Sm^{3+} 作为掺杂二氧化硅材料的实验。如何采用简单的热蒸发法制备了稀土 Sm^{3+} 掺杂二氧化硅纳米发光材料，探究它的发光性能是现在努力的方向，这将对高效制作 Sm^{3+} 掺杂纳米材料具有重要的研究意义和指导作用。

现阶段，利用热蒸发法，在没有催化剂辅助、Ar 气流作为保护气和在饱和蒸气压下制备 Sm^{3+} 掺杂 SiO_2 纳/微米材料。为了进一步探究产物的微观结构和光学特性，使用扫描电子显微镜（SEM）分析合成产品的表面形态、能谱射线分析（EDS）检测产物元素信息、X 射线衍射（XRD）仪分析了合成产品的微观结构，对产物拉曼（Raman）显示振动峰位进行对比，分析光致发光（PL）谱图中产物发光峰位来源，利用紫外（UV）吸收光谱探究产物的光学性能，这对以后制备 Sm_2O_3 掺杂 SiO_2 纳/微米材料具有重大意义。

3.3.2 5%Sm^{3+}掺杂制备 SiO_2 纳/微米材料

3.3.2.1 实验部分

A 实验制备

采用热蒸发法，实验将 Sm_2O_3 与 SiO 粉混合研磨 10 min。取出药品并放入用无水乙醇擦拭过的石英舟内，再将表面洁净的 N 型 Si（111）片亮面向下放在石英舟上依次摆放用于收集产物，再把石英舟放入两端开口的石英管内，随后将石英管顺时针放入水平管式炉中的高温加热区域中。升温之前进行 3 次抽真空操作和通 3 min 的 Ar 气以尽可能排除炉内残余气体，然后在 Ar 气流 25mL/min 的恒定速率下加热至 800℃之后再将 Ar 气流调为 130mL/min 升温至 1150℃，保温 2h，降温后以 10mL/min 气流保温，反应结束并冷却至室温后取出样品，发现在硅衬底基片上有白色沉积（表面呈颗粒状）。

B 测试表征

本节采用多种测试方法对合成的稀土掺杂纳/微米二氧化硅的结构和性能进

行了研究：采用扫描电子显微镜（SEM）和电子能谱仪（EDS）对沉积样品的表面形貌和元素含量进行了研究。用X射线衍射仪（XRD，Rigaku Ultima Ⅳ，Cu Kα）测定了样品的结构。在532nm波长的光激发下，获得了室温下的拉曼（Raman）光谱和光致发光（PL）光谱。利用紫外（UV）吸收光谱探究产物的光学性能。

3.3.2.2 实验结果与讨论

A 结果分析

为了获得样品表面生长情况信息，对样品进行SEM测试。图3-14所示是Sm^{3+}掺杂制备SiO$_2$纳/微米材料的形貌图。图3-14a~c所示为产物在最高温度为1150℃和饱和蒸气压下随着Ar气流沉积在Si晶片上的形貌。图3-14a~c分别对应一个Si晶片上不同温度区域的产物，根据实验室测得管式炉温度梯度变化得知，图a~c区域生长温度分别约为1140℃、1130℃和1120℃。通过扫描电镜观测到的形貌为：图3-14a在1150℃下生长形貌是一端直径很细、另一端直径粗的锥形纳米棒结构，直径为70~100nm。图3-14b生长温度比图3-14a生长温度略低，图3-14b在温度为1135℃的生长形貌为直径500nm的棒状结构。图3-14c生长温度为1120℃，生长形貌为少量的直径200~700nm的颗粒。对比高中低温区域生长形貌可以发现随着温度的降低，样品直径在增大，随着温度的降低样品的沉积密度在不断减小，生长的形貌由纳米锥形结构到微米棒状结构，最后生长为微米颗粒。为了检测产物的元素信息，对Si晶片的产物进行了元素分析。图3-14d为EDS能谱图，显示出了检测产物的主要元素。可能由于Sm^{3+}在生长材料中含量过低，EDS谱图中没有显示Sm^{3+}，而图中显示实验样品成分主要是Si和O元素，并且EDS谱图中的Si和O元素比接近2：1，这也证明了产物为SiO$_2$。

a   b

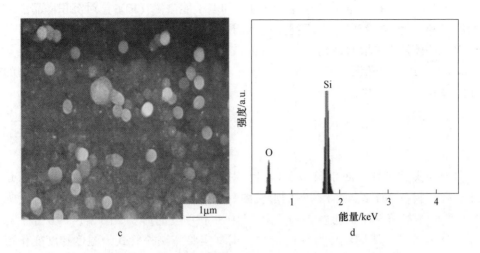

图 3-14 Sm³⁺掺杂 SiO₂纳/微米棒的 SEM 图(a~c)和 EDS 图(d)

为了进一步确定样品结构，利用 XRD 对制备的样品进行测试并进行对比分析。图 3-15 显示了无掺杂 SiO₂纳米材料，谱图中峰位在 2θ 为 25.7°和 28.4°对应的晶面分别为 (130) 和 (002)。经 JCPDS 比对卡认证，无掺杂制备 SiO₂纳米材料为单斜晶格 （JCPDS 76-1805） 结构，空间群显示为 C2/c (15)。图 3-16 显示热蒸发法制备 Sm³⁺掺杂 SiO₂纳米棒与微米棒的 XRD 图，图中显示出 2θ 在 21.9°、28.4°、31.5°、44.8°存在结构衍射峰位。其中 (111) 晶面对应的 28.4°

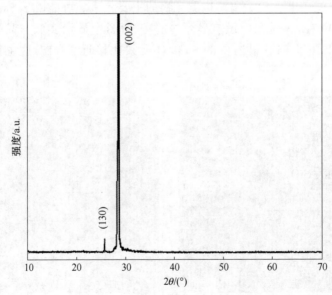

图 3-15 SiO₂网络结构的 XRD 图

峰位来自 Si 基底。图中出现了 SiO_2 的三个强峰，即 2θ 在21.9°、31.5°、44.8°的峰位，三个强峰分别对应（101）、（102）和（202）晶面（JCPDS 39-1425），属于四方相晶体结构，空间群是 P41212（92）。图 3-16 中 2θ 整体微微向右偏移 0.07°（图中方块标识为纯 SiO_2 的三个强峰位），查找相关资料得知，样品的衍射峰向较小的衍射方向略微偏移，可能应归因于 Sm^{3+}（离子半径为 95.8pm）成功引入 SiO_2 结构中的 Si^{4+}（离子半径为 40pm）位置，因为 Sm^{3+} 离子半径大于 Si^{4+} 离子半径，所以 Sm^{3+} 掺入 SiO_2 中导致晶格体积轻微增大。XRD 测试可以初步确定产物结构。

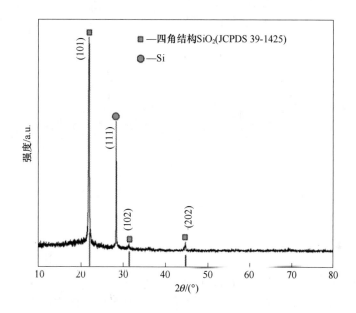

图 3-16　Sm^{3+} 掺杂 SiO_2 纳/微米棒的 XRD 图

图 3-17 是 Sm^{3+} 掺杂 SiO_2 纳/微米棒的 Raman 光谱图，图中显示出在 301cm⁻¹、435cm⁻¹、485cm⁻¹、521cm⁻¹、616cm⁻¹、800cm⁻¹和940~985cm⁻¹有振动峰位。通过探究得知 301cm⁻¹、521cm⁻¹、616cm⁻¹、800cm⁻¹和970cm⁻¹振动峰位与生成产物为 SiO_2 无关，435cm⁻¹、485cm⁻¹、964cm⁻¹、976cm⁻¹处的振动峰位与生成产物为 SiO_2 有关。位于 521cm⁻¹处的振动对应硅片一阶光声子，301cm⁻¹和970cm⁻¹的振动分别来自硅片两个横向声学声子和光学声子，485cm⁻¹附近振动来自 Si—O—Si 中的氧原子振动，位于 435cm⁻¹振动是 SiO_2 强极化带，800cm⁻¹附近振动是产物生成的 OH⁻振动峰位。964cm⁻¹和976cm⁻¹附近的振动分别来自 SiO_2 中的表面声子振动模式（SPM）和 Si—O—Si 的对称拉伸。在 616cm⁻¹处的微弱振动峰来自 SiO_2 反应合成的硅酸盐。根据文献 960cm⁻¹附近有振动峰可能是

Si—O—M（M 代表金属）键形成的标志，这是否与 Sm^{3+} 取代 Si—O—Si 中的 Si 键形成 Si—O—Sm 键有关还需进一步研究。

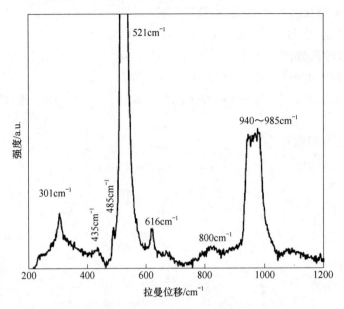

图 3-17 Sm^{3+} 掺杂 SiO_2 纳/微米棒的 Raman 光谱图

B 生长机制

本实验利用热蒸发法制备 Sm^{3+} 掺杂的纳米锥形棒、微米棒和微米颗粒。已知纳米材料生长机制一般遵循催化 VLS（气-液-固）或 VS（气-固）生长机理，制备产物 SEM 图中的纳米锥形棒、微米棒和微米颗粒顶端未出现金属液滴，说明没有金属催化，Sm^{3+} 掺杂 SiO_2 纳米锥形棒、微米棒和微粒颗粒的制备可能遵循 VS（气-固）生长机理。文献报道了 SiO 与 O_2 在约为 1150℃的温度和饱和蒸气压下反应生成气态 SiO_2，在 Ar 气流作用下顺着气流方向沉积在温度不同的衬底区域上，温度较高的区域优先沉积纳米粒子，由于氧气含量的降低，纳米线直径减小，导致生成物顶部为针尖形状。气态 SiO_2 随着 Ar 气流继续向温度低的衬底区域沉积，产物生长速度加快，并且纳米材料生长过程涉及氧化物的蒸汽冷凝与运输等过程，因而推断在本实验中生长过程为：SiO 与 O_2 在约为 1150℃的温度和饱和蒸气压下反应生成气态 SiO_2，在 Ar 气流作用下沉积在不同温度区域衬底上，并且在衬底生成纳米线时 Sm^{3+} 替代 Si^{4+} 进入 SiO_2 晶格中，由于氧气含量的降低生长成为锥形结构，随着生长速度加快，较高温产物多为纳米棒状结构，较低温区成为微米颗粒。反应方程式为：

$$2SiO(g) + O_2(g) \longrightarrow 2SiO_2(s) \tag{3-3}$$

C 光学性能

SiO$_2$ 的吸收谱图如图 3-18 所示，根据经典的 Tauc 方法估计其光学特性用以下公式计算半导体的能带隙：

$$\alpha E_p = K(E_p - E_g)^{1/2} \tag{3-4}$$

式中，α 为吸收系数；K 为常数；E_p 为离散能；E_g 为带隙能量，而吸收带是在 $\alpha =$ 0（直线 x 轴），再通过绘制 $(\alpha E_p)^2$ 对应 E_p 线性关系得出 E_g 为 4.87eV。如图 3-18 所示最好吸收对应是 4.87eV（236nm）处的能量。这两个典型吸收峰，强峰在 236nm（4.87eV）处的光吸收来自非桥氧空穴中心（NBOHC），而相对在 308nm（4.15eV）处光吸收可能与 SiO$_2$ 中的本征氧空位有关。

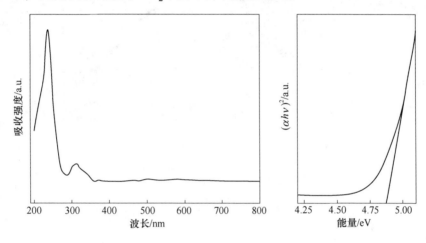

图 3-18 Sm^{3+} 掺杂 SiO$_2$ 纳/微米棒的 UV 光谱图

为了进一步深入研究，利用纯 SiO$_2$ 纳/微米材料结构与掺杂后的 PL 光谱图进行对比。图 3-19 所示为热蒸发法制备的 SiO$_2$ 纳米网结构的 PL 光谱图，PL 光谱是在常温常压下测得。SiO$_2$ 纳米网表现出很强的稳定发光，光谱在紫外区域 357nm 处出现窄峰，在可见光波段 580~680nm 之间的 640nm 处有较宽的发射中心区域。据报道，在 7.9eV 光激发下，SiO$_2$ 玻璃在 1.9~4.3eV 范围内有多个不同的发射峰。这些发射峰大多是由 SiO$_2$ 纳米结构缺陷中的氧缺陷引起的，缺陷可用作辐射复合中心。其中，1.9eV（653nm）的能带属于非桥氧空穴中心（NBOHC）。结果表明，SiO$_2$ 纳米网（包括 NBOHC）的氧空位缺乏是导致可见光区宽化的主要原因。图 3-20 显示光谱中在 603nm、610nm、650nm、685nm 和 730nm 处有发光峰。610nm 和 650nm 处发射峰是 Sm^{3+} 4f 电子的 f-f 禁阻跃迁。603nm 和 610nm 处的发射峰对应 Sm^{3+} 的 $^4G_{5/2} \rightarrow {}^6H_{7/2}$ 跃迁，650nm 和 685nm 发射峰对应 Sm^{3+} 的 $^4G_{5/2} \rightarrow {}^6H_{9/2}$ 跃迁，730nm 发射峰对应 $^4G_{5/2} \rightarrow {}^6H_{11/2}$，通过对比发现 Sm^{3+} 掺杂 SiO$_2$ 纳/微米材料主要发光峰位来自 Sm^{3+}。通过实验制备的产物表面形态是多孔的，并且在纳米线之间形成的孔的尺寸为100nm至数微米。它可作为纳米阵列材料，当太阳撞击多孔表面时，会发生诸如衍射和散射之类的光学行为，这是理想的光诱捕结构。研究表明，Sm^{3+}可以与其他稀土材料共掺，应用在红光发光纳米材料领域。

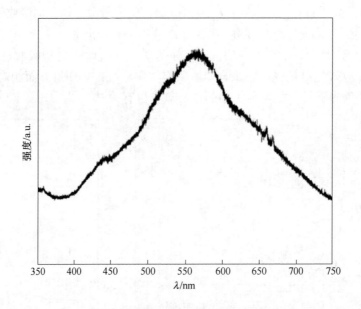

图 3-19　SiO_2 网络结构的 PL 光谱图

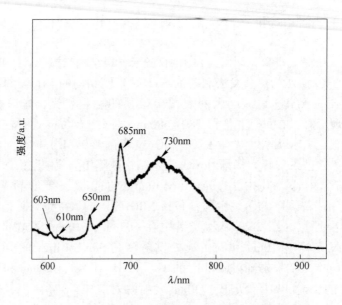

图 3-20　Sm^{3+} 掺杂 SiO_2 纳/微米棒的 PL 光谱图

3.3.3 8%Sm³⁺掺杂制备 SiO₂纳/微米材料

3.3.3.1 实验部分

A 实验制备

利用热蒸发法，将 Sm_2O_3 与 SiO 混合研磨 10 min。因为实验是同一条件下不同浓度掺杂对比实验，所以实验药品的制备要求相似。具体过程与 5%Sm³⁺掺杂制备 SiO₂纳/微米材料相同：N 型 Si（111）片；3 次抽真空操作和通 3min 的 Ar 气，通入 Ar 气 25mL/min 的恒定速率下加热至 800℃之后再将 Ar 气流调 130mL/min 升温至 1150℃保温 2h，降温以后通入 10mL/min 气流。收集产物并对产物进行测试手段分析，对比不同掺杂浓度时生长产物的变化。

B 测试表征

测试是利用型号 S-4800 扫描电子显微镜配以 EDS 能谱分析测试样品的形貌和元素成分含量。使用 X 射线衍射仪（XRD，Rigaku Ultima Ⅳ，Cu Kα）对样品的结构进行测试表征。通过 Raman 和 PL 测试手段确定生长产物的振动峰位信息以及掺杂离子的发光峰位的信息。以上所有测试均在常温常压下进行。

3.3.3.2 结果与讨论

A 结果分析

图 3-21a~c 是 8%Sm³⁺掺杂制备 SiO₂纳/微米材料的形貌图，是在 1150℃的加热温度和饱和蒸气压条件下随着 Ar 气流沉积在 Si 晶片上的形貌图。通过扫描电镜可观测到：图 3-21a 形貌是直径在 700~1000nm 弯曲微米线。图 3-21b 生长形貌为直径 500nm 的长直微米线。图 3-21c 生长形貌为 70~100nm 的纳米线。样品的生长温度范围为 1100~1150℃，随温度的变化，样品为纳/微米线，样品生长较分布为均匀，纳/微米线的表面较光滑。为了检测产物的元素信息，对 Si 晶片生长的产物进行了化学元素能谱分析，图 3-21d 为 Si 晶片生长产物的 EDS 谱图，在 EDS 能谱结果显示主要成分是 Si 和 O 两种元素。与之前相比，由于两次掺杂 Sm³⁺含量都很低，没有显示出掺杂元素谱峰的存在，SiO₂纳/微米材料成分中 Si 和 O 的比例约为 1：2，这也说明了产物是 SiO₂。

为了测试不同稀土掺杂量制备的 SiO₂纳/微米材料的结构，对样品进行了 XRD 测试。图 3-22 显示了热蒸发法制备 8%Sm_2O_3 掺杂 SiO₂纳米线与微米线的 XRD 图，2θ 在最高峰位为 28.4°的峰同样来自作为基底的 Si 晶片。在 20.8°、23.8°、49.2°对应 SiO₂标准卡片（JCPDS 34-0717）。由于 20.8°峰位的宽峰存在，这也证明生成产物中有非晶 SiO₂体系的存在。与 5%Sm³⁺掺杂 SiO₂纳/微米材料相比，掺杂浓度由 5%增至 8%时，出现了大量非晶 SiO₂，在标准 JCPDS 卡片对

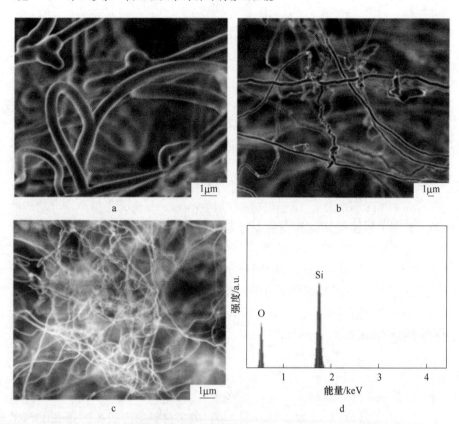

图 3-21　Sm³⁺掺杂制备 SiO₂纳/微米线的 SEM 图(a～c)和 EDS 能谱图(d)

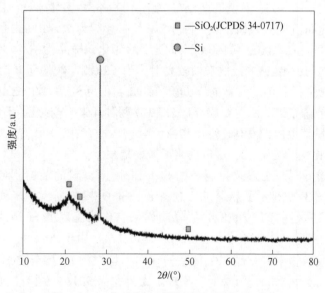

图 3-22　Sm³⁺掺杂 SiO₂纳/微米线的 XRD 图

应结构的对比中发现，5%Sm³⁺掺杂标准卡（JCPDS 39-1425）中对应生长 SiO₂ 产物为晶体 SiO₂，产物结构为晶体四方相结构，实验制备 8%Sm³⁺掺杂 SiO₂ 的标准卡（JCPDS 34-0717）中结构为晶体与非晶混合结构。

　　为进一步确定制备 SiO₂ 纳/微米线结构信息，对产品进行了 Raman 测试并得到结果。图 3-23 所示为 8%Sm³⁺掺杂 SiO₂ 的 Raman 光谱图，图中显示出在 $301cm^{-1}$、$435cm^{-1}$、$485cm^{-1}$、$615cm^{-1}$、$800cm^{-1}$ 和 $976cm^{-1}$ 有振动峰位。通过探究得知 $301cm^{-1}$、$615cm^{-1}$ 和 $800cm^{-1}$ 振动峰位与生成产物为 SiO₂ 无关，$435cm^{-1}$、$485cm^{-1}$、$976cm^{-1}$ 处的振动峰位都与生成产物为 SiO₂ 有关。$485cm^{-1}$ 附近振动来自 Si—O—Si 中的氧原子振动，位于 $435cm^{-1}$ 振动是 SiO₂ 强极化带，$800cm^{-1}$ 附近振动是 OH⁻ 的振动峰位。$976cm^{-1}$ 附近的来自 SiO₂ 中的 Si—O—Si 的对称拉伸。$301cm^{-1}$ 振动峰位来自 Si 片。在 $615cm^{-1}$ 处的微弱振动峰来自 SiO₂ 在管式炉内合成的硅酸盐。与 5%Sm³⁺掺杂 SiO₂ 制备的产物相比，Raman 图中来自 $520cm^{-1}$ 附近 Si 的最高振动峰位消失，推测可能是生长产物中既有晶体 SiO₂，也有非晶 SiO₂，生成的区域产物晶体 SiO₂ 与非晶 SiO₂ 沉积物较多，在一片区域内生成了较薄的 SiO₂ 薄膜导致 Si 的峰位被 SiO₂ 阻隔；还有一种可能性是，因其氧空位含量不多，结果检测不到来自 $520cm^{-1}$ 附近 Si 的最高振动峰位。分析实验中其他 Si 晶片沉积产物时，可以检测到来自 $520cm^{-1}$ 附近 Si 的最高振动峰位，说明在产物中晶体 SiO₂ 与非晶 SiO₂ 混合沉积物生成 SiO₂ 薄膜导致 Si 的峰位被 SiO₂ 阻隔。综合不同 Sm³⁺掺杂浓度制备样品 Raman 信息可以得出：随着掺杂浓度的增

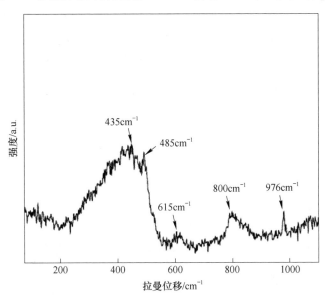

图 3-23　Sm³⁺掺杂 SiO₂ 纳/微米线的 Raman 光谱图

加，晶格结构随着非晶 SiO_2 与晶体 SiO_2 混合使得产物在 Raman 中显示出 SiO_2 峰位振动强度出现降低趋势。

B 光学性能

为了更好地探究浓度掺杂对发光性能的影响，对浓度为 8%Sm^{3+} 掺杂产物 PL 谱图进行了分析，如图 3-24 显示，光谱中在 555~570nm、610nm 和 650nm 处显示出发光峰位。610nm 和 650nm 两处 PL 峰位分别对应 Sm^{3+} 的 $^4G_{5/2} \rightarrow ^6H_{7/2}$ 跃迁和 Sm^{3+} 的 $^4G_{5/2} \rightarrow ^6H_{9/2}$ 跃迁。555~570nm 范围是 SiO_2 材料中强绿色发光带，查找原因可能是由于在制备 SiO_2 纳米材料过程中反应室中缺乏氧气而产生的中性氧空位。受掺杂浓度的影响，PL 谱图中出现了猝灭效应，这也是致使 Sm^{3+} 特征发光峰变少，发光强度降低的主要原因。对比发现，8%Sm^{3+} 掺杂相比于 5%Sm^{3+} 掺杂制备的 SiO_2 材料发光强度也降低。研究人员发现浓度猝灭对 Sm^{3+} 掺杂固体基质的光致发光强度有影响：Grobelna 等人为探究 Sm^{3+} 掺杂的最佳浓度，做了一系列的实验研究，在 Sm^{3+} 掺杂 $La_2(WO_4)_3$ 实验中发现，掺杂浓度（摩尔分数）为 5% 时的最大发光。与之不同的是 Zhang 等人在制备 Sm^{3+} 掺杂的 $Bi_2ZnB_2O_7$ 的实验中观察到掺杂浓度为 3% 时制备材料表现出最大发光。而为研究不同掺杂浓度对产物发光强度的影响中 Hu 等人在 Sm^{3+} 掺杂 TiO_2 纳米晶掺杂研究实验中发现了掺杂浓度的变化，随着实验的改进发现了 Sm^{3+} 掺杂 TiO_2 纳米晶的最佳 Sm^{3+} 浓度为 0.75%。Yan 等人在制备稀土掺杂实验中观察到在 Sm^{3+} 掺杂的 $YNbO_4$ 样品中，Sm^{3+} 掺杂的 $YNbO_4$ 掺杂浓度为 5% 时的最大发光。一些文献的实验表明 Sm^{3+} 掺杂

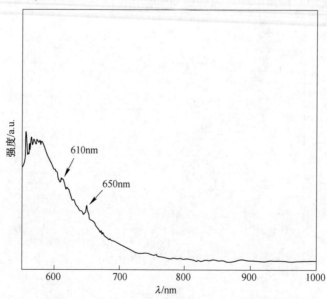

图 3-24 Sm^{3+} 掺杂 SiO_2 纳/微米线的光致发光（PL）光谱图

不同材料时，最佳掺杂浓度不会固定不变，而是与掺杂材料本身的性能相关，对制备的 Sm^{3+} 掺杂 SiO_2 纳/微米线材料，人们也在探究不同 Sm^{3+} 掺杂浓度变化的影响，并以 5%与 8%Sm^{3+} 浓度掺杂对比发现，猝灭效应致使 Sm^{3+} 特征发光峰变少，发光强度降低。

3.3.4 小结

（1）利用热蒸发法，通过 Sm_2O_3 和 SiO 粉混合制备了 5%Sm^{3+} 掺杂 SiO_2 纳/微米材料和 8%Sm^{3+} 掺杂 SiO_2 纳/微米材料。研究发现掺杂对样品的晶格结构产生影响，探究原因是 Sm^{3+} 掺入 SiO_2 中导致晶格体积轻微增大。对比发现，掺杂浓度为 5%时，生长的 SiO_2 纳/微米材料的结构为四方相晶体结构，当掺杂浓度增加至 8%时，生长的 SiO_2 纳/微米材料为晶体与非晶混合结构。

（2）由形貌分析发现，5%Sm^{3+} 掺杂 SiO_2 纳/微米材料的样品随着产物区域温度的降低，样品直径有明显增大趋势，样品的沉积密度明显减少，样品形貌由纳米锥形结构到纳米棒状结构，最后生长为微米颗粒；8%Sm^{3+} 掺杂 SiO_2 纳/微米材料为纳米线与微米线。由于对比实验过程中都未用催化成分，所以 Sm^{3+} 掺杂 SiO_2 纳/微米材料长机制遵循 VS（气-固）生长机理。

（3）对 5%和 8%Sm^{3+} 掺杂 SiO_2 纳/微米材料进行 PL 测试。结果显示出 Sm^{3+} 特征激发峰位，证实了制备的 SiO_2 纳/微米材料中 Sm^{3+} 掺杂。PL 图谱中由于掺杂量的增加，PL 发光峰有明显的发光强度降低趋势。这可能是由于 Sm^{3+} 掺杂浓度增加，Sm^{3+} 对应 PL 图谱中发光峰位也逐渐变强，到达一定掺杂浓度后出现最佳掺杂浓度，随后随着掺杂量的增多，发光强度会随之减弱，查找文献得知是猝灭效应致使 Sm^{3+} 特征发光峰变少，发光强度降低。制备材料在 PL 中显示出可作为稀土共掺杂红色发光的纳/微米发光材料应用于电子器件中，这对以后 SiO_2 纳/微米新材料的开发和设计具有重要的指导意义和应用价值。

3.4 Eu³⁺掺杂 SiO₂微/纳米线及发光性能

3.4.1 引言

半导体纳米材料因其独特的纳米结构和掺杂其他元素的优异性能而受到国内外研究人员的关注，也使得半导体纳米材料在现代工业中占有重要地位。特别是在光电器件、红外吸收材料、传感器等领域。目前，稀土掺杂半导体材料主要集中在 ZnO 纳米材料中，实验人员通过各种方法制备了稀土掺杂的 ZnO 纳米发光材料，根据发射峰的强度和宽度不同，阐明了材料的发光机理。

Eu^{3+} 由于其强发射和高单色性（约 611nm），被用于激光、照明和光放大器。

此外，红光带的强度与周围环境有很大的关系，因此 Eu^{3+} 也被用作光学探针等应用。对于半导体纳米材料来说，Eu^{3+} 可以通过掺杂有效地发射红光，但 Eu^{3+} 具有重离子和大半径的特点，因此不容易实现掺杂。所以，Eu^{3+} 掺杂半导体纳米材料是一个非常具有挑战性的问题。之前利用热蒸发法制备了稀土 Sm^{3+} 掺杂二氧化硅纳米发光材料，并探究它的发光性能，这也为以下做的 Eu^{3+} 掺杂实验提供了动力。本书采用热蒸发法，将 Eu_2O_3 和 SiO_2 与 Si 粉混合，制备了 Eu^{3+} 掺杂 SiO_2 微米材料，对其结构和发光性能进行了表征，并对其发光机理进行了探讨。这对以后制备 Eu_2O_3 掺杂 SiO_2 纳米/微米材料具有重大意义。

3.4.2　实验

A　实验制备

利用热蒸发法，实验将 Eu_2O_3、SiO_2 和 Si 粉混合研磨 10min，实验用品都要经过无水乙醇擦拭过。将实验药粉研磨好与石英舟一同放入两端开口的石英管内，随后将石英管放入加热时中心温度约 1150℃ 的高温管式炉中。收集产物用 N 型 Si（111）片作为沉底，在 Ar 气流作为保护气下升温管式炉，保温 2h，待反应结束并冷却室温后，取出样品，发现在硅衬底基片上有白色沉积（表面呈颗粒状）。

B　测试表征

采用多种测试方法对合成的稀土掺杂纳/微米二氧化硅的结构和性能进行了研究。利用扫描电子显微镜（SEM）和电子能谱仪（EDS）对沉积样品的表面形貌和元素组成进行了研究。用 X 射线衍射仪（XRD, Rigaku Ultima Ⅳ, Cu Kα）测定了样品的结构。在 532nm 波长的光激发下，获得了室温下的拉曼（Raman）光谱和光致发光（PL）光谱。利用紫外（UV）吸收光谱探究产物的光学性能。

3.4.3　结果和讨论

A　实验结果

对 Eu^{3+} 掺杂制备的产物进行了 SEM 测试，对产物生长形貌进行分析。图 3-25 所示是在饱和蒸汽压下，Ar 气作为保护气，在一个晶片不同温度区域生成产物的形貌。图 3-25a~c 分别是在一个产物片在不同生长区域温度的形貌，根据实验室测得管式炉温度梯度变化得知，图 3-25a~c 区域生长温度分别约为 1135℃、1130℃ 和 1120℃，图 3-25d 是 EDS 谱图。图 3-25a 显示了直径在 140~200nm 的微米线、直径为 200nm 的微米球和底部生长密度很高的直径为几微米的微米团聚物；图 3-25b 中生长形貌为 160~200nm 的微米线以及微米颗粒，底部生长的微米团聚物的密度和微米球数量明显地减少；图 3-25c 中生长产物是微米线、微米颗粒和极少量的微米团聚物，微米线直径在 140~160nm，微米颗粒直径约为

200nm，通过图 3-25a～c 对比发现，图 3-25c 中微米颗粒明显减少以及微米团聚物沉积密度明显减小。生长趋势是随着温度的降低，生长产物密度降低，微粒颗粒以及微米团聚物沉积量也在减少。图 3-25d 是产物 EDS 能谱图，主要元素是 Si 和 O，可能由于 Eu³⁺含量过低，在谱图中几乎没有显示，谱图中 Si—O 比例大约为 1∶2，证实了生成物为 SiO₂。

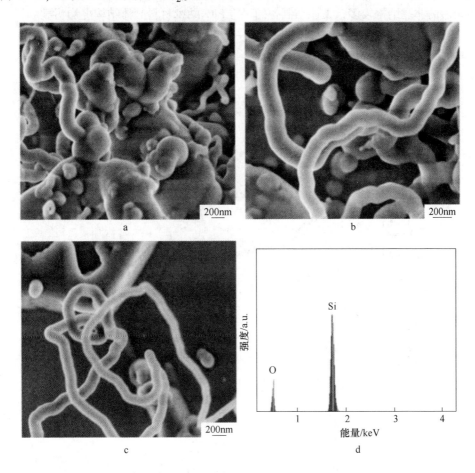

图 3-25　Eu³⁺掺杂制备 SiO₂微米线/微米颗粒的 SEM 图(a～c)和 EDS 能谱图(d)

为得到产物信息，进一步确定样品，对样品进行了 XRD 测试。图 3-26 显示的是热蒸发法制备 Eu³⁺掺杂 SiO₂微米材料的 XRD 图。谱图中主要的 4 个衍射峰，分别在 20.8°、23.8°、26.4°和 68°，可能由于掺杂量较小导致在 XRD 测试结果显示峰位并没有明显的变化，在 20.8°、23.8°、26.4°出现的衍射峰位与 SiO₂ JCPDS 卡片相对应（JCPDS 34-0717），68°衍射峰位来自晶体 Si。得出的结果可以初步判断为生成物为 SiO₂。图 3-27 为利用热蒸发法探究沉积温度对的生长

SiO₂纳米材料影响 XRD 谱图，图中有许多尖锐的衍射峰。分析后发现，光谱中所有的尖锐衍射峰均与 SiO₂ 一致，存在两种晶相，只有一个峰与 Si 的立方相一致，其衍射晶面如图 3-27 所示。在 14°~30°处的宽衍射峰源自 SiO₂ 的非晶结构。此外，在 XRD 光谱中未发现其他杂质衍射峰，表明制备的一维 SiO₂ 纳米材料包含结晶和无定形 SiO₂。对比两个实验的 XRD 图可以发现：结构除 68°对应晶体 Si 外，掺杂后的非晶结构较多，无掺杂制备的一维 SiO₂ 纳米材料晶体结构更加明显。

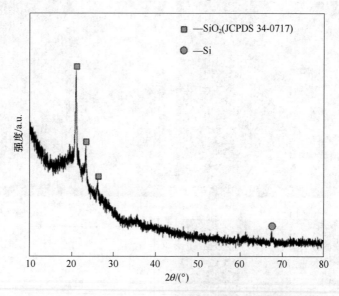

图 3-26　Eu³⁺掺杂制备 SiO₂ 微米线/微米颗粒的 XRD 图

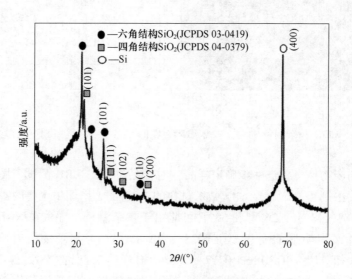

图 3-27　热蒸发法制备 SiO₂ 一维纳米材料的 XRD 图

　　为了更好地研究 Eu³⁺掺杂 SiO₂纳/微米材料的晶格、缺陷和结构，对实验样品进行了 Raman 光谱研究。结果如图 3-28 所示，从中可以看到样品的振动峰位，它们分别在 $176 \sim 183 \mathrm{cm}^{-1}$、$301 \mathrm{cm}^{-1}$、$521 \mathrm{cm}^{-1}$、$616 \mathrm{cm}^{-1}$、$940 \sim 983 \mathrm{cm}^{-1}$ 对应有振动峰位。$176 \sim 183 \mathrm{cm}^{-1}$ 处的振动可能来源于 Eu³⁺振动峰，位于 $521 \mathrm{cm}^{-1}$ 处的振动对应硅片一阶光声子，$301 \mathrm{cm}^{-1}$ 和 $970 \mathrm{cm}^{-1}$ 的振动分别来自硅片两个横向声学声子和光学声子，$616 \mathrm{cm}^{-1}$ 处微弱振动峰来自产物生成的硅酸盐，$964 \mathrm{cm}^{-1}$ 和 $976 \mathrm{cm}^{-1}$ 附近的振动分别来自 SiO₂中的表面声子振动模式（SPM）和 Si—O—Si 的对称拉伸。

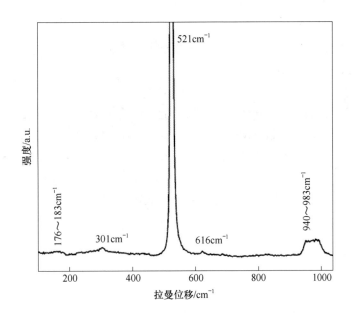

图 3-28　Eu³⁺掺杂制备 SiO 微米线/微米颗粒的 Raman 光谱图

B　生长机制

　　如图 3-29 所示，实验中，在高温（1150℃）下气态 SiO₂是通过硅粉和炉内残留氧气的反应生成的，生长机制遵循 VS（气-固）生长机理。气态 SiO₂通过氩气传输到较低的温度范围，二氧化硅的浓度继续增加，当浓度达到一定的过饱和度时，成核和生长并开始形成纳米线。在生长过程中，由于局部区域的低温和低氧浓度，SiO₂开始形成微米棒。这是因为在低温和低氧浓度的条件下，氧原子对产物驱动能力降低，成核生长概率降低，这抑制了 SiO₂纳米线的生长并最终形成了短的微米棒或微米团聚物。生长过程如下：

$$\mathrm{Si(g)} + \mathrm{O_2(g)} \longrightarrow \mathrm{SiO_2(s)} \tag{3-5}$$

图 3-29 Eu^{3+}掺杂制备 SiO$_2$微米线/微米颗粒的生长示意图

C 光学性能

SiO$_2$的吸收谱图如图 3-30 所示，根据经典的 Tauc 方法估计其光学特性用以下公式计算半导体的能带隙：

$$\alpha E_p = K(E_p - E_g)^{1/2} \tag{3-6}$$

式中，α 为吸收系数；K 为常数；E_p 为离散能；E_g 为带隙能量，而吸收带是在 $\alpha = 0$（直线 x 轴），再通过绘制 $(\alpha E_p)^2$ 对应 E_p 线性关系得出 E_g 为 3.25eV 和 3.98eV。如图 3-30 所示，两处吸收分别对应是 3.25eV（373nm）与 3.98eV（288nm）处的能量。这两个明显吸收峰在 288nm（3.98eV）处的光吸收与 Eu^{3+}有关，在 373nm（3.25eV）处的光吸收来自 SiO$_2$中的氧缺陷。

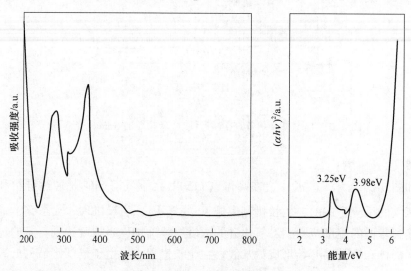

图 3-30 Sm^{3+}掺杂 SiO$_2$微米线/微米颗粒的 UV 光谱图

为了更好研究制备样品的发光信息，对其进行 PL 测试。并与纯 SiO$_2$一维纳米材料的 PL 光谱进行对比研究。图 3-31 所示为 SiO$_2$一维纳米材料的光致发光

（PL）光谱图，这是在室温条件下被波长为 532nm 光激发而得到的。制备 SiO₂一维纳米材料在 567nm 对应有较宽的发光峰位，峰位发光来自 SiO₂一维纳米材料中的强绿色发光带。图 3-32 所示为 Eu³⁺掺杂的微米材料的 PL 光谱图，可观察到 Eu³⁺较强发光峰出现在 611nm 和 615nm 处，这与 Eu³⁺的 $^5D_0 \rightarrow ^7F_2$ 的跃迁有关，其中 578nm 对应 Eu³⁺的 $^5D_0 \rightarrow ^7F_0$ 跃迁，587nm 和 591nm 对应 Eu³⁺的 $^5D_0 \rightarrow ^7F_1$ 跃

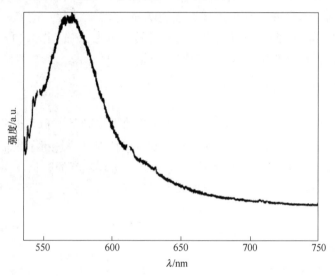

图 3-31　SiO₂一维纳米材料的 PL 光谱图

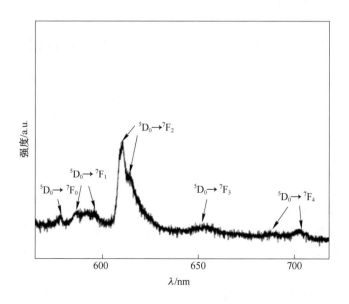

图 3-32　Eu³⁺掺杂制备 SiO₂微米线/微米颗粒的 PL 光谱图

迁，在 653nm 处，对应于 Eu^{3+} 的 $^5D_0 \rightarrow {}^7F_3$ 跃迁，在 688nm 和 704nm 处两个峰位对应 Eu^{3+} 的 $^5D_0 \rightarrow {}^7F_4$ 跃迁，没有发现与 SiO_2 有关的特征峰，这是因为在一定掺杂浓度下，SiO_2 几乎完全将能量传递给 Eu^{3+}。611nm 和 615nm 是 Eu^{3+} 对应于 $^5D_0 \rightarrow {}^7F_2$ 的跃迁能级分裂的两个发射峰，主要以缺陷能级发光为主，缺陷的发射能接近 Eu^{3+} 激发态能级后，能量就可能从缺陷态传递到 Eu^{3+} 离子发光中心，从而发光。611nm 和 615nm 发光强度大于 592nm 处的峰强度，这与查找资料中表述一致，表明 Eu^{3+} 的栅格位置在中心没有反转。可见，Eu^{3+} 掺杂的 SiO_2 纳米材料具有良好的红光发射性能，达到了预期的效果。

3.4.4 小结

以 SiO_2、Si 粉和 Eu_2O_3 粉末为原料通过热蒸发法制备了 Eu^{3+} 掺杂 SiO_2 微米材料。经 SEM、XRD、Raman、UV 和 PL 等测试手段对产物进行了表征分析。结果表明在饱和蒸气压和 Ar 气流作为保护气氛下，随着温度的降低，生长产物由密集的微米团聚物和微米颗粒到少量微米团聚物和微米颗粒，最后到极少量的微米颗粒和微米团聚物。UV 显示在 3.98eV（288nm）与 3.25eV（373nm）处光吸收分别来自 Eu^{3+} 和 SiO_2 中的氧缺陷。PL 光谱图中显示了 Eu^{3+} 发光特征峰位，Eu^{3+} 的栅格位置在中心没有反转说明产物性能良好。综合 SEM、XRD、Raman、UV 和 PL 等测试手段表明利用热蒸发法成功制备了 Eu^{3+} 掺杂 SiO_2 纳/微米材料。这对 SiO_2 材料在光学领域的应用以及 Eu^{3+} 掺杂制备红色发光纳米材料的制备有重要的意义。

3.5 Eu^{3+} 掺杂 SiO_2 微米球及发光性能

3.5.1 引言

SiO_2 的光学和化学稳定性优良，在光电材料、光学薄膜和光催化等方面具有潜在的应用前景。稀土离子特有的 4f 电子结构，其发射光效率高、单色性好而被应用在各种显示器件、医学和军事等领域。利用热蒸发法制备的 Eu^{3+} 离子掺杂的 SiO_2 纳米材料，可以结合 SiO_2 和 Eu^{3+} 各自的优良性能，且制备方法简便、成本较低、掺杂均匀。

利用了热蒸发法制备了 Eu^{3+} 掺杂的 SiO_2 微米球，并利用 XRD、SEM、Raman、PL 光谱等技术手段分析表征样品。发现制备的 Eu^{3+} 掺杂的 SiO_2 微米球表面光滑，微米球的直径为 2～5μm。在不同温度下收集了实验样品发现微米球的形貌与密度受温度变化影响较大。另外，PL 光谱显示微米球的发光性能受 Eu^{3+} 离子的影响较大。

3.5.2 实验

A 实验制备

本实验使用纳米 Eu_2O_3 粉（纯度 99.99%）和纳米 SiO 粉（纯度 99.99%）和纳米 Eu_2O_3 粉（纯度 99.99%）作为原材料。使用抛光 N 型单晶硅片（111）作为衬底。衬底硅片需要使用丙酮、无水乙醇、去离子水三种液体分别处理。整个实验过程通有 Ar 作为保护气体。Eu^{3+} 掺杂的 SiO_2 微米球的生长是在石英管中真空环境下进行的。用丙酮超声波对衬底 Si 片进行预处理，然后用等离子水清洗。清洗两端开口的大石英管和一端开口的小石英管，将高纯度的 Eu_2O_3 粉和纳米 SiO_2 粉末（比例 1：0.08）研磨 20min，并置于一端开口的小石英管中，在石英小管的一端放置衬底 Si 片并将小石英管插入水平管式加热炉内的大石英管中，抽真空并通入保护气体，加热中心温度为 1100℃。反应温度升至 1100℃，保持 2h。

B 测试表征

需要用到的测试仪器：扫描电子显微镜（SEM）、X 射线衍射（XRD）仪、拉曼光谱仪（RS）。PL 光谱则是在常温条件下由波长 532nm 的 He-Cd 激光器的激发检测得到的。

3.5.3 结果和讨论

A Eu^{3+} 掺杂 SiO_2 微米球结构表征

图 3-33 所示为不同温度下收集的 SiO_2 微米球。图 3-33a～c 所示为分别在 900℃、1000℃、1100℃下收集的样品，由图可知微米球的直径随温度升高而逐渐变小，微米球的密度随温度升高而增加。图 3-33d 所示为在 1100℃下生长的 SiO_2 微米球，微米球表面光滑，直径范围在 2～5μm。从 EDS 能谱图中可观察到样品主要由 Si 和 O 元素组成，Eu 元素没有观测到，这可能是由于能谱的观测范围较小，样品中 Eu 元素的含量较低。

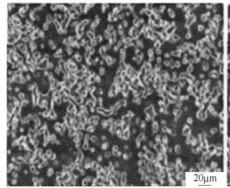

a   b

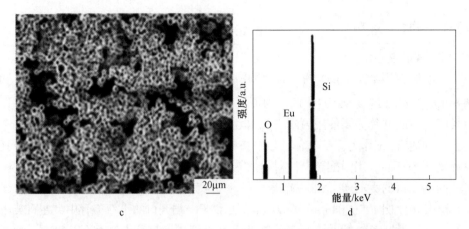

c

d

图 3-33　Eu^{3+} 掺杂的 SiO_2 微米球的 SEM 图及对应的 EDS 能谱图

a—900℃；b—1000℃；c—1100℃；d—对应的 EDS 能谱图

图 3-34 所示为 Eu^{3+} 掺杂的 SiO_2 微米球的 XRD 图谱。在该图谱中，三个峰的晶面很好地对应了四方相的衍射图案（JCPDS 04-0379），可以确定为晶体 SiO_2。

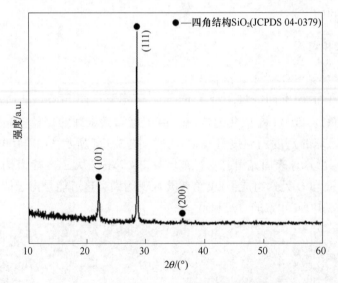

图 3-34　Eu^{3+} 掺杂的 SiO_2 微米球的 XRD 图谱

Eu^{3+} 掺杂的 SiO_2 微米球拉曼光谱如图 3-35 所示，$480cm^{-1}$ 峰周围的散射指向非晶 Si 杂质的形成，特别是在 SiO_2 纳米结构中更易出现。因此，$480cm^{-1}$ 的波段可能与在平行 SiO_2 纳米线的制备过程中合成的少量 Si 纳米晶体有关，$518cm^{-1}$ 的拉曼峰分配给来自众所周知的基底 Si 振动带。在 $430cm^{-1}$ 处的拉曼振动峰是 SiO_2 的强极化带。

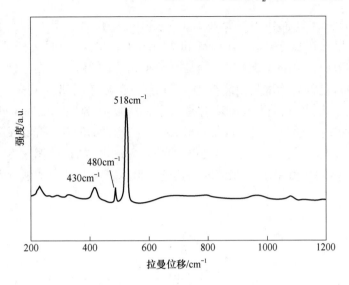

图 3-35 Eu^{3+}掺杂的 SiO$_2$微米球的 Raman 光谱图

B Eu^{3+}掺杂 SiO$_2$微米球 PL 测试

图 3-36 所示为 Eu^{3+}掺杂的 SiO$_2$微米球的光致发光光谱图，这与文献报道的关于 Eu^{3+}掺杂的纳米材料发光非常相似。图 3-37 展示了胡晓云等人研究的掺杂 Eu^{3+}的纳米 TiO$_2$ 的光致发光图谱。在其 PL 图谱中，614nm 处发射峰是由于 $^5D_0 \rightarrow {}^7F_2$的跃迁，属于电偶极跃迁，在 593nm 处的发射峰是由能级$^5D_0 \rightarrow {}^7F_1$跃迁，属于磁偶极跃迁，发射峰主要在 614nm 处，由此得纳米晶发射是以电偶极跃

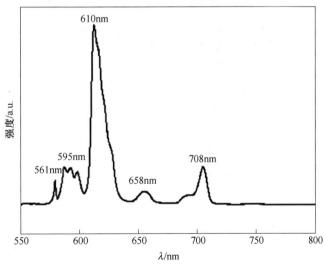

图 3-36 Eu^{3+}掺杂的 SiO$_2$微米球的 PL 光谱图

迁为主，Eu^{3+}离子在晶体中主要处于非对称中心的位置。图中出现了三个过渡带，过渡带出现在近 590nm、650nm 和 700nm 处，分别对应$^5D_0 \rightarrow ^7F_J$（$J = 0 \sim 4$）。而在本节中，610nm 处的发射峰是由于$^5D_0 \rightarrow ^7F_2$的跃迁，是电偶极跃迁的一种；在 595nm 处的发射峰是由能级$^5D_0 \rightarrow ^7F_1$跃迁，属于磁偶极跃迁。发射峰主要在 610nm 处，由此可得微米球发射是以电偶极跃迁为主。658nm 处对应的是$^5D_0 \rightarrow ^7F_2$能级的跃迁，而 708nm 处对应$^5D_0 \rightarrow ^7F_4$能级的跃迁。光致发光结果与文献中报道的基本一致，整体表现为Eu^{3+}的强发光。本节的 PL 图谱发射峰与掺杂Eu^{3+}的纳米 TiO_2 的 PL 图谱发射峰非常接近，整体表现为Eu^{3+}的强发光。

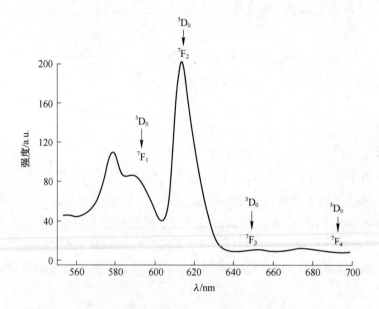

图 3-37　Eu^{3+}掺杂的纳米 TiO_2 的 PL 光谱图

3.5.4 小结

利用热蒸发法，以 E_2O_3 和 SiO 粉为反应源，制备出了Eu^{3+}掺杂的 SiO_2 微米球。微米球的结构为四方晶相。微米球的直径范围为 $2 \sim 5\mu m$，且随温度的升高直径逐渐减小。PL 光谱测试结果表明，微米球样品的发光主要来自Eu^{3+}离子的电偶极跃迁。

4 非稀土元素掺杂二氧化硅低维材料的制备及性能

4.1 S掺杂SiO₂微/纳米材料及发光性能

4.1.1 引言

近年来，无机氧化物的微球作为新型材料受到了人们的广泛关注。其自身拥有大比表面、低密度、较好的表面穿透性和稳定的力学性能，因此在催化、隔热、隔声及污水处理方面都有广泛的应用前景。然而，这些微球往往存在球壁组成单一、结构致密等缺点，这些缺点常常要求材料拥有大比表面和丰富的孔道，以此来为分子扩散提供通道和更多反应活性点。当前，选用中空无机氧化物微球的制备技术与介孔材料结合在一起，使得球壁产生规则有序的介孔结构，从而提高了微球的比表面和穿透性。但这类材料存在球壁孔径小、易堵塞等缺点，因而选择性吸附或选择性催化。因此需要引入多尺寸的通道在球壁表面，以便于物质的扩散。

本节采用热蒸法来合成S掺杂的SiO₂微球，这种方法通过独立控制纳米材料的尺寸，从而提高了产物的光学性能。此外，本实验中对掺杂样品的光学性质的研究显示，样品中的掺杂相在提高光学性质和其他性质中起着重要的作用。希望通过引入掺杂可以提高SiO₂纳米/微米材料的光学性能。

4.1.2 实验

（1）实验使用S粉末（纯度99.99%）和纳米Si粉末（纯度99.99%）作为原材料。样品收集的衬底为单面抛光N型单晶硅片（111）。实验使用丙酮、无水乙醇、去离子水清洗硅衬底。实验中需要有高纯Ar气作为保护气体。微米结构的生长是在传统水平管式炉中的石英管内进行的。在实验中，将作为源材料的高纯度的Si粉和S粉（纯度99.99%）按1:1的比例充分研磨混合均匀后放置于与Ar气流流动方向相反方向的管式炉高温加热区域中，将作为基底收集物的N型Si（111）硅片依次放置在距离源材料一定距离的低温区域内。在升温前，通入Ar气20min以尽最大可能排出炉内的残留气体，之后保持Ar气20mL/min的恒定速率下加热至1000℃保温2h。待反应结束系统冷却至室温后，取出样品发现有白色海绵状材料沉积在硅基底上。

（2）硅片上沉积的样品表面形貌是通过配备有能谱 X 射线（EDS）的扫描电子显微镜（SEM，S-4800）检测分析得到的。样品的结构是通过 X 射线衍射仪（XRD，Rigaku Ultima Ⅳ，Cu Kα）的测量分析得到的，样品的拉曼光谱是通过激发出 532nm 激光线的 LabRam HR 拉曼光谱仪检测分析得到的。而光致发光（PL）谱则是在室温条件下由 325nm 的 He-Cd 激光器的激发检测得到的。

4.1.3 结果和讨论

4.1.3.1 SiO₂微米球的结构表征

通过图 4-1 中的 SEM 和 EDS 详细介绍了产物的形态和组成。从图 4-1a~c 观察到，在 730℃条件下分别生长出了表面光滑、分布均匀的微尺寸球体，其中微球的平均直径约为 1μm。图 4-1d 是微球的 EDS 能谱图，从图中能够清楚地看到样品由 Si，O 和少量的 S 元素组成。

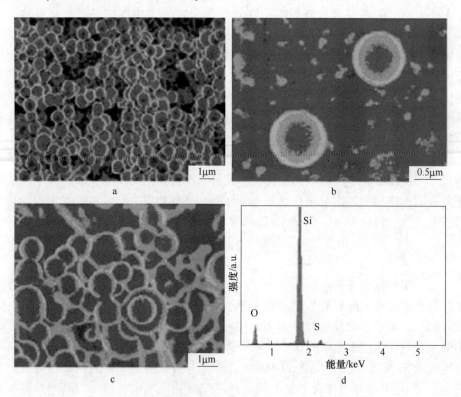

图 4-1 S 掺杂的 SiO₂微球的 SEM 图（a~c）和 EDS 能谱图（d）

由于在 EDS 能谱测试中发现有 S 元素，考虑到会有 S 核生长在 SiO₂微米球的可能。因此利用制备的纯 SiO₂纳米材料与掺 S 的 SiO₂微球在 XRD 和 Raman 等

测试方面进行对比，观察 S 产生的影响。图 4-2 为 SiO$_2$ 微米球（1）和纯纳米
SiO$_2$ 材料（2）的 XRD 测试对比图，并且图 4-2b 是在 $\theta = 25° \sim 30°$ 之间的放大图。
从图中能够看到掺杂的 SiO$_2$ 微球在 XRD 峰向左偏移，由此证明有 S 掺入晶格的
这一可能，但其峰位偏移不大，可以认为 S 的掺入对 SiO$_2$ 微球的生长影响不大。
此外，XRD 峰中没有其他杂峰，这说明生成的产物并不是混相。图 4-2a 出现的
两个峰，通过 JCPDS 比对可以认定主衍射峰为六方结构的 SiO$_2$（JCPDS 11-
0252），而在 $2\theta = 28.7°$ 的强衍射峰则归属于 Si 基底。

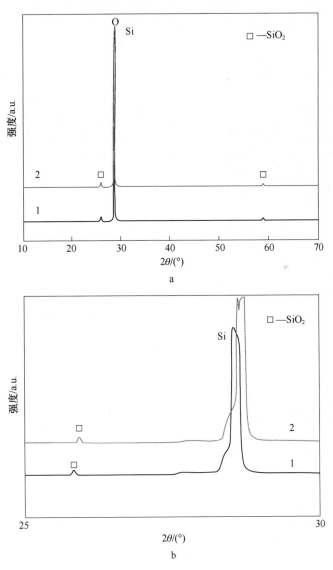

图 4-2 SiO$_2$ 微米球(1)和 SiO 粉末制备纯纳米 SiO$_2$ 材料(2)的 XRD 图

图 4-3 为样品的 Raman 对比图。由图 4-3 发现 SiO₂ 微米球的峰位与纯纳米 SiO₂ 材料的峰位相同，并没有发生较大偏移。图 4-3a 的微米球存在 4 个相对较强的峰位，分别位于 144cm⁻¹、220cm⁻¹、462cm⁻¹ 和 520cm⁻¹。其中在 144cm⁻¹、220cm⁻¹ 和 462cm⁻¹ 的位置上的峰归属于 SiO₂，480cm⁻¹ 位置的振动来源于非晶

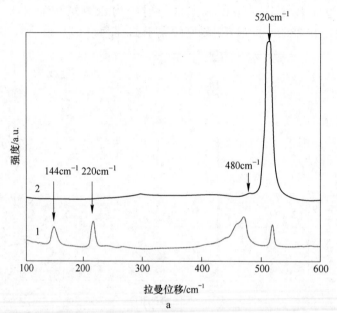

a

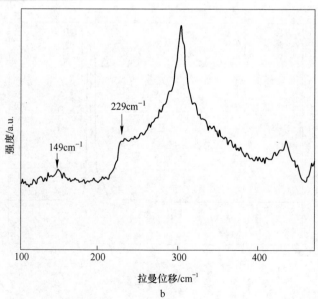

b

图 4-3　SiO₂ 微米球样品(1)和 SiO 粉末制备纯纳米 SiO₂ 材料样品(2)的 Raman 光谱图

Si，而在 520cm^{-1} 处的峰则归属于 Si 基底。此外，这四个峰也出现在纳米 SiO$_2$。由图 4-3b 能够很清楚地看到，谱为在 100~480cm^{-1} 范围内纳米 SiO$_2$ 材料的放大图。除了以上在测试中观察到的峰位外，并没有发现 S 和其他原子间振动峰，这可能是由于 S 含量较低，所以没有在测试过程中体现出来。

4.1.3.2 SiO$_2$ 微米球的生长机理

S 掺杂的 SiO$_2$ 微米球与上面制备的晶体 SiO$_2$ 和非晶 SiO$_2$ 纳米线的反应源相同，都是使用 S 和 Si 的混合粉末在 1000℃ 的条件下热蒸发得到的。SiO$_2$ 微米球的生长同样遵循 VS 生长机理和 S 辅助生长的方法。反应源 S 粉和 Si 粉在高温条件下反应生成 SiS 气体，SiS 作为成核中心形成液滴。当达到饱和状态会有 Si 析出，由于真空度较低，析出的迅速氧化成 SiO$_2$ 并沉积在低温区域的硅片上。此外，SiS$_2$ 很容易与空气中的水分发生反应，生成的 H$_2$S 气体随着载气的流动方向排出。具体反应方程式如下：

$$S(s) + Si(s) \longrightarrow SiS(g) \tag{4-1}$$

$$SiS(g) \longrightarrow Si(g) + SiS_2(g) \tag{4-2}$$

$$Si(g) + O_2(g) \longrightarrow SiO_2(s) \tag{4-3}$$

$$SiS_2(g) + H_2O(g) \longrightarrow SiO_2(s) + H_2S(g) \tag{4-4}$$

但与上面制备晶体 SiO$_2$ 和非晶 SiO$_2$ 纳米线的不同点在于，制备 SiO$_2$ 微米球的反应源是逆时针放置，其氩气的流向是从低温端硅片到高温区的反应源。而制备晶体 SiO$_2$ 和非晶 SiO$_2$ 纳米线使用的石英管放置是顺时针，氩气流动方向是从反应源流向低温区硅片，这是产生形貌不同的主要原因。一般认为当管式炉高温加热到一定的温度，反应源 S 粉和 Si 粉会汽化并发生化学反应，反应生成 SiS 气体。由于反应源与 Ar 气方向相反，生成的 SiS 气体因 Ar 气流的阻碍大量凝聚，在高温的条件下快速分解析出 Si 液滴，接下来因其自身重力而沉积在硅衬底上。整个实验真空度不高，存在残留的 O$_2$ 气，因此球状的 Si 液滴迅速被氧化成为 SiO$_2$ 小液滴，这些 SiO$_2$ 小液滴浓度很高，会相互靠近凝聚在一起。图 4-4 很好地诠释出了 SiO$_2$ 微米球具体的生长过程。整个的生长过程是基于 VS 生长机制。

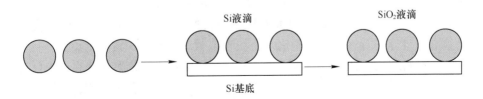

图 4-4　SiO$_2$ 微米球光学性能测试

4.1.3.3 SiO$_2$微球的光学性能

S 掺杂的 SiO$_2$ 微球的光致发光（PL）光谱显示于图 4-5 中，其光谱主要是在室温条件下由 He-Cd 激光器中 325nm 的紫外光激发得到的。S 掺杂的 SiO$_2$ 微球显示出强烈的发光。如图 4-5 所示，在光谱中存在着非常宽的 PL 峰，这些发射峰大多数可以归因于 SiO$_2$ 纳米结构缺陷中的氧缺陷，可以充当辐射复合中心。该光谱中有一个峰位为 565nm（2.2eV）的强绿色发射带，这可能归因于中性氧空位。

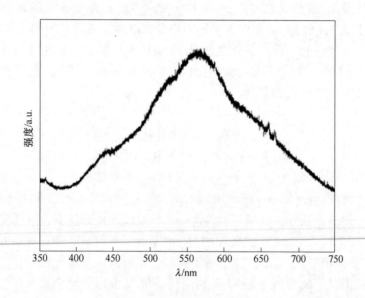

图 4-5 SiO$_2$微米球的 PL 光谱图

4.1.4 小结

利用热蒸发工艺技术，将 S 和 Si 的混合粉末放置于与 Ar 气流方向相反的管式炉高温区区域，在 730℃ 的生长温度下合成出了 SiO$_2$ 微球。SiO$_2$ 微球的生长主要遵循 VS 机理，与晶体 SiO$_2$ 和非晶 SiO$_2$ 纳米线的实验条件对比发现，反应源放置的位置对 SiO$_2$ 形貌的生长有很大的影响。此外，通过 EDS 能谱测试中发现样品有少量 S 元素的存在，为了确定是否在 SiO$_2$ 微球表面有 S 核的生长，进行了纯 SiO$_2$ 纳米材料与 SiO$_2$ 微球的光学测试，并没有发现峰位有较大的偏移。由此证明没有 S 核的产生。总体来说，本书制备的 SiO$_2$ 微球存在绿色发光带，其拥有的比表面大、密度低、穿透性强和力学性能稳定等优异特点，对今后的科学研究具有非常大的意义。

4.2 Sn 掺杂 SiO$_2$ 微/纳米材料及发光性能

4.2.1 引言

SiO$_2$ 纳米结构由于其力学和物理特性引人注目，多年来引起了人们的广泛关注。例如，它具有优异的电绝缘性、可见光透射率，在光致发光、光波导、透明绝缘、光化学和生物医药等方面具有广泛的应用。在过去的一段时间里，各种形貌的 SiO$_2$ 材料的合成及相应新颖性能的研究取得了令人瞩目的成果。

对于 SiO$_2$ 纳米结构的合成，研究者们广泛采用热蒸发的方法。这种方式也有利于通过独立控制尺寸来定制纳米材料的光学性能。特别是对于纳米线，可以使用金属催化剂来调节样品的形状和结构。一般来说，利用昂贵的金属如 Au、Ag、Pt 等作为催化剂或在基底上预先沉积小晶体来制备纳米线和纳米棒，因此，开发新型、简单、低成本的催化剂对新型功能材料的应用具有重要意义。此外，还必须深入了解更多的新型催化剂，以扩大对 SiO$_2$ 大量制备和应用的研究。

选择一种简单、廉价、有效的方法制备 SiO$_2$ 纳米线，以 SiO$_2$ 粉末为硅源，引入极低剂量的 SnO$_2$ 作为催化剂，在 1100℃ 左右的加热温度下，SiO$_2$ 纳米线的整个生长过程是基于气-液-固（VLS）机制。通过 X 射线衍射（XRD）、扫描电子显微镜（SEM）和拉曼散射光谱对产物进行了表征。此外，通过 UV-Vis 光谱吸收和光致发光（PL）光谱对沉积产物的光学性质进行了检测。

4.2.2 实验

4.2.2.1 实验制备

实验过程中，纳米线在水平管式炉中生长。使用的源材料是 SiO$_2$ 粉末，SnO$_2$ 粉末被用作位于加热区的催化剂。Si 片作为衬底。然后将源在氩气保护下加热到 1150℃ 并保温 2h，然后将体系冷却到室温，发现有白色产物沉积在衬底上。

4.2.2.2 测试表征

使用扫描电子显微镜（SEM，S-4800 型）来检查获得的结构，并通过 X 射线衍射（XRD，Rigaku Ultima Ⅳ，Cu Kα）对材料进行结构分析。使用激光激发波长为 532nm 的 LabRAM HR Evolution 拉曼光谱仪测量了产物的拉曼散射光谱。紫外-可见吸收光谱采用紫外-可见分光光度计（UV-2550）测定。所有实验过程均在室温下进行。

4.2.3　结果和讨论

4.2.3.1　实验结果

在图 4-6 中，通过 SEM 和 EDS 详细介绍了产物的结构和形貌。图 4-6a～c 显示了在 1100℃ 和 1130℃ 下得到的样品的形貌。在图 4-6a 和 b 中，出现了一些直径为 0.3～0.9μm 的纳米颗粒。图 4-6c 中出现了大量直径为 0.3～0.5μm、长度大于 10μm 的纳米线，纳米线表面有一些细小的颗粒。表明纳米线的长度随着生长温度的降低而减小。从 EDS 谱图上看，纳米线主体部分由 Si 和 O 组成，纳米线顶部含有 Si、O 和微量的 Sn。

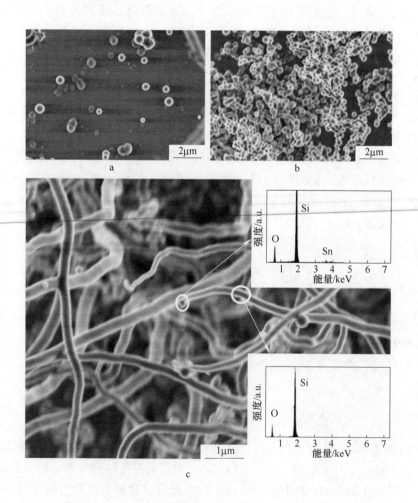

图 4-6　样品的 SEM 图和 EDS 能谱图

a，b—1100℃；c—1130℃

图 4-7 为所制备样品的典型 XRD 图谱。25.5°和 28.3°处的衍射峰对应于 SiO₂（JCPDS 76-1805）单斜晶系的（111）和（002）晶面，空间群为 P21/A（14）。

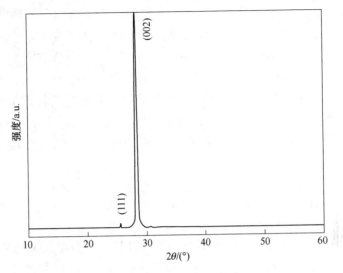

图 4-7　样品的 XRD 衍射谱

样品的拉曼光谱如图 4-8 所示，在 342cm⁻¹、483cm⁻¹ 和 520cm⁻¹ 处有三个峰。520cm⁻¹ 处的振动归因于硅衬底的 TA 模和一阶光学声子。483cm⁻¹ 处的峰可能是由于 Si—O—Si 振动中氧原子的弯曲。以 342cm⁻¹ 为中心的宽峰范围为 317～363cm⁻¹。320cm⁻¹ 附近的拉曼振动是由 O—O 相互作用引起的。根据 SEM、XRD、EDS 和拉曼光谱的测试结果，实验中合成了 SiO₂ 纳米线。

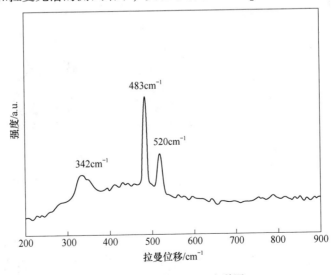

图 4-8　样品的 Raman 光谱图

4.2.3.2 生长机制

据文献报道，在1100℃的高温下，固体SnO_2粉末可以与石墨发生热还原反应生成SnO蒸气，进而分解为SnO_2和Sn。实验中发现，当不添加硅微粉时，只在石英管中加入SnO_2粉末和硅条，其他条件不变，在衬底上会发现Sn、SnO_x/SnO_2和少量SiO_2颗粒产物沉积。因此，在高温下，SnO_2可以与Si反应生成气态Sn/SnO_x和气态Si/SiO_x，一部分Sn蒸气在低温区形成液滴附着在Si衬底表面，被认为是纳米线生长的催化剂。气态Sn/SnO_x继续与SiO_2反应生成SnO_2和气态Si/SiO_x。最后，Si/SiO_x与管内残留的O_2反应，在基片上生长SiO_2纳米材料。推测主要反应如下：

$$SnO_2 + Si \longrightarrow Sn/SnO_x(g) + Si/SiO_x \tag{4-5}$$
$$Sn/SnO_x(g) + SiO_2 \longrightarrow SnO_2 + Si/SiO_x \tag{4-6}$$
$$Si/SiO_x + O_2 \longrightarrow SiO_2 \tag{4-7}$$

SiO_2产物的生长是基于气-液-固（VLS）机制，因为在SiO_2纳米线的顶部发现了Sn颗粒，而不是在SEM图中观察到的线的部分。这种生长机理与文献中报道的非常相似，Sn在此过程中起到催化剂的作用。

在该反应中，蒸发的Si和Si亚氧化物是在衬底上冷凝形成SiO_2纳米线的理想晶核。从形貌图可以看出，随着生长温度的降低，纳米线的长度逐渐减小。研究表明，在低温区域，较低的蒸气压容易引起成核，并且随着温度的升高，蒸气压增大，可以导致纳米线更快地长大。图4-9是具体生长过程的示意图。

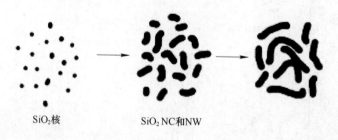

$\bullet$ SiO_2纳米晶(NC)

SiO_2纳米线(NW)

| SiO_2核 | SiO_2 NC和NW |

图4-9 样品的生长过程的示意图

4.2.3.3 样品的光学性能

图4-10为SiO_2纳米线的UV吸收光谱。如图4-10所示，有几个宽的吸收峰。使用的方法是经典的Tauc方法，该方法通过以下公式估算半导体光学带隙：

$\alpha E_{\mathrm{p}} = K(E_{\mathrm{p}} - E_{\mathrm{g}})^{1/2}$（式中，$\alpha$ 为吸收系数；K 为常数；E_{p} 为离散光能量；E_{g} 为带隙能量）。由 $(\alpha E_{\mathrm{p}})^2$ 对应 E_{p}，作图得到最佳线性关系。α 为 0 的外推值（到 x 轴的直线），给出了 E_{g} 为 3.35eV 和 3.87eV 对应的吸收边能量。320.5nm 处的光吸收带（3.87eV）可能与 SiO$_2$ 中的本征氧空位有关。光谱中的 370nm（3.35eV）波段很可能与 SiO$_2$ 中与氧有关的缺陷有关。

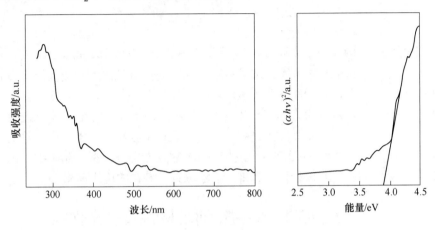

图 4-10　样品的 UV 吸收光谱

图 4-11 为室温下 SiO$_2$ 纳米线在 532nm 光激发下的 PL 光谱。光谱中存在一个宽范围的 550~600nm 的 PL 峰，对应黄绿光的发射范围。强的黄绿光发射带集中在 570nm 左右。根据之前的报道，碳族元素 Si/Ge 的掺杂可以引起氧化硅的黄绿

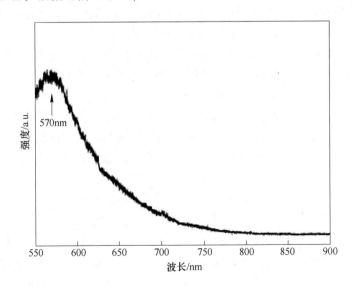

图 4-11　样品的 PL 光谱

光发射（2.1eV），这可以通过量子限制、发光中心模型和金属过量缺陷来解释。研究中发现，纳米线的生长过程中存在 Sn 的掺入，并且 Sn 的分布主要集中在尖端。同时发现，热退火并不影响发光中心的纳米线结构和发光波长，可以很容易地理解为 PL 峰的位置不随金属尺寸的增加而改变。因此，掺杂 SiO_2 的发光中心模型被认为是可见光发光的可能机制。

4.2.4　小结

综上所述，采用 SiO_2 粉末与 SnO_2 粉末混合，在 1100℃ 的加热温度下，通过热蒸发工艺生长了 SiO_2 纳米线，结果表明，在不同的沉积温度和蒸气压下，样品的结构和形貌会发生相应的变化。SiO_2 纳米线的生长可能是基于 VLS 机制。通过紫外-可见吸收光谱和光致发光光谱对 SiO_2 纳米线复合结构的光学性质进行了检测。将 SiO_2 纳米线大规模生长在硅衬底上，并表现出独特的光学性质，具有黄绿光发射范围。样品的发射可能归因于掺杂 SiO_2 的发光中心模型。制备纳米线的工艺简单、成本低廉，在纳米电子学和光学领域具有潜在的应用前景。

4.3　Fe 掺杂 SiO_2 微/纳米材料及发光性能

4.3.1　引言

21 世纪以来，纳米材料的应用越来越广泛，已经成为材料、物理、化学等许多领域的重要研究内容之一。纳米技术，作为一门综合性学科，具有良好的发展前景。从微米到纳米的大跨度是质的飞跃，标志着人类正在逐渐深入微观世界，人们对微观世界认识的水平已经大大提高。

纳米材料指的是在三维立体空间当中最少有一维处于纳米尺寸（即 0.1~100nm）或由它们充当基本单元构成的材料，这尺度大概相当于 10~100 个原子密集地排列在一起。其中，二氧化硅纳米材料具有颗粒尺寸小、比表面积大、微孔多等特点。若是生成物经过产品表面处理工艺的完善，纳米颗粒的软团聚程度出现明显降低现象，与有机高分子材料的相容性提高，极大地拓宽了纳米材料的应用领域。正是因为纳米材料的发现，许多研究领域都获得了新的研究方向。因此，纳米技术带动了科学界的又一次革命。

纳米材料尺寸小、性能良好，因此引起了众多研究者的深入钻研。在众多纳米材料中，纳米硅材料的种类也是相当多，例如，纳米晶体、纳米线、纳米颗粒、多孔硅，以及量子井等。当然还包括掺杂的纳米二氧化硅，例如本节所提及的掺铁二氧化硅等。不同的掺杂程度会产生不同的形貌特征，不同的形貌特征也会有不同的性能特点。通过热蒸发法用铁粉与二氧化硅粉末混合制备掺铁二氧化硅纳米材料，研究制出的掺铁二氧化硅在不同的比例下的形貌特征，为了进一步研究，提供一个让直径均匀纳米二氧化硅的掺铁纳米二氧化硅大量制备的有效途径，为通过控制各种实验条件进而制出不同形貌特点的二氧化硅纳米材料做铺垫。

4.3.2 实验

4.3.2.1 实验药品

实验药品：SiO_2 粉末、Fe 粉末、单晶硅片（N 型<111>晶面）、氩气、无水乙醇。

4.3.2.2 实验仪器

表 4-1 所示为所用实验仪器及用途。

表 4-1 实验仪器及用途

实验仪器	用途
超声波清洗仪	清洗硅片
一维真空管式炉	提供稳定热源
烧杯若干	方便清洗硅片
研磨钵	将药品研磨充分
20cm 石英管	承载药品和硅片
锡箔纸	运送药品
玻璃刀	切割硅片
氩气泵	提供保护气体
X 射线粉末衍射（XRD）仪	分析物相
扫描电子显微镜（SEM）	分析形貌
拉曼光谱仪（RS）	测试拉曼光谱

4.3.2.3 实验操作

（1）准备生长基底：切割 10 片 N 型硅（111）尺寸 1cm×1cm 硅片。

（2）清洗生长基底：将硅片用酒精擦拭后，在小烧杯中倒入去离子水，将硅片基底放入其中；将烧杯放入超声波清洗仪中定时清洗 15min；清洗完成后，取出硅片基底将其干燥处理。

（3）准备药品：准备好 SiO_2 粉末和 Fe 粉末，将它们按照一定比例称取后倒入研磨钵中进行充分研磨混合。

（4）放置药品：将锡箔纸折成小舟状，将研磨充分的药品平稳地放入石英管底部，接下来将干燥的硅基底依次放进石英管之中，准确无误地在实验记录本上记录好药品长度与硅基地之间的距离。

（5）开始热蒸发制备样品：将装好药品和硅基底的石英管顺时针放入一维真空管式炉内，将其固定封闭；接下来向管中通入惰性气体即高纯度的氩气，用真空泵反复抽真空三次，为了保证一维真空管式炉内不再有其他的干扰气体，设置管式炉加热到 1150℃，加热过程中通氩气流量是 80mL/min；达到 1150℃时自动保温 2h。

（6）等到炉子降温冷却之后，用玻璃棒把反应之后的基底样片取出；进行收集，收集时一定要注意对样品进行编号命名并在实验记录本上做好记录；把氩气泵和管式炉关闭，整理好实验器材。

（7）实验样品测试：把实验样品放入 X 射线衍射（XRD）仪，便于对其进行纳米材料的物相分析；再把实验样品放在扫描电子显微镜（SEM）下进行观察，对生成的纳米材料进行形貌特征分析；再将实验样品进行拉曼光谱（RS）测试，得到相应的拉曼光谱。

4.3.2.4 注意事项

在进行实验前，对硅基底进行清洗且彻底烘干，并且实验药品的质量一定要准确，防止影响配比；在进行实验时，一定要检查好实验装置的气密性，防止其他气体进入管中影响实验样品；反应结束后，等待管式炉降温冷却到室温时，再打开炉子取样品，以免发生烫伤危险并且防止由于高温导致样品氧化。

4.3.3 结果和讨论

4.3.3.1 掺铁二氧化硅纳米结构的 SEM 图

扫描电子显微镜和体视显微镜都是广泛应用于材料类专业的重要分析测试仪器。扫描电子显微镜主要原理是通过二次电子信号的成像来呈现样品的表面形貌，就是应用极其狭窄的电子束向着被测实验样品发射，通过电子束和被测样品的相互作用，其被测样品的二次电子发射是较为主要的。由于二次电子的原因，便能够产生被测样品形貌的放大像，便于肉眼观测。下面展示不同比例情况下掺铁二氧化硅纳米材料形貌特征。

测试结果表明：当二氧化硅粉末与铁粉 1：1 比例混合时，如图 4-12a 所示，纳米颗粒相对密集均匀、没有明显掺杂并且表面十分光滑，颗粒尺寸在 20～30μm；当二氧化硅粉末与铁粉 10：1 比例混合时，如图 4-12b 所示，纳米颗粒大小不均并且表面光滑，纳米颗粒直径在 5～20μm 不等，小尺寸颗粒相对较多；当二氧化硅粉末与铁粉 50：1 比例混合时，如图 4-12c 所示，纳米颗粒大小不均、光滑稀疏并且带有许多掺杂颗粒，颗粒直径在 10～15μm。若能控制掺铁量便能够控制掺铁颗粒的数量与形貌。在相同实验条件下铁粉掺杂量占比越小，纳米颗粒尺寸越均匀，并且分散性极好不易颗粒团聚，可能是因为二氧化硅在铁化合物表面包覆，这样便会阻碍纳米颗粒团聚。

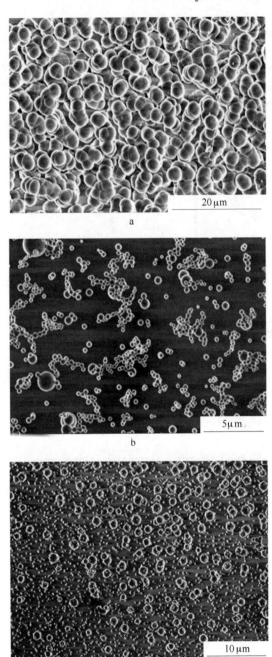

图 4-12　不同比例下掺铁二氧化硅的 SEM 图

a—实验药品 1∶1 比例下掺铁二氧化硅的 SEM 图；

b—实验药品 10∶1 比例下掺铁二氧化硅的 SEM 图；

c—实验药品 50∶1 比例下掺铁二氧化硅的 SEM 图

4.3.3.2　掺铁二氧化硅纳米结构的 XRD 衍射谱

现如今，像 XRD 这样的大型精密仪器在科学研究和实际生产应用中的地位越来越重要，通过对纳米材料的衍射图谱分析，确定其成分、内部原子分子的结构等信息、能够准确确定晶体的原子分子种类。

在相同的实验条件下，二氧化硅粉末与铁粉混合不同比例生成物 XRD 图谱如图 4-13 所示。从 XRD 谱图中可以看出除了有二氧化硅还有许多掺杂在其中的

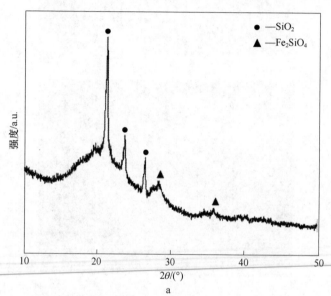

a

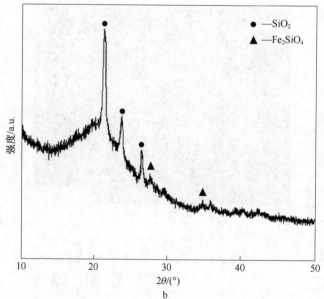

b

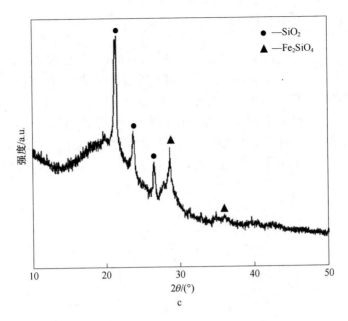

图 4-13 不同比例下掺铁二氧化硅的 XRD 谱图

a—实验药品 1∶1 比例下掺铁二氧化硅 XRD 谱图;

b—实验药品 10∶1 比例下掺铁二氧化硅 XRD 谱图;

c—实验药品 50∶1 比例下掺铁二氧化硅 XRD 谱图

如硅酸亚铁等，三种比例的 XRD 峰的角度均在 $2\theta = 21.39°$，$23.82°$，$26.66°$，$28.55°$，但峰值强度略有不同。生成物的主要谱峰与 SiO_2 的 JCPDS 75-0443 基本吻合，说明生成物中出现了 SiO_2。除此之外，还有后面的小峰与 Fe_2SiO_4 的 JCPDS 75-1214 基本吻合，说明生成物中存在一些 Fe_2SiO_4。并且根据峰值强度对比可发现，1∶1 比例的样品结晶性相比于其他比例更好。

4.3.3.3 掺铁二氧化硅纳米结构的 Raman 谱图

拉曼光谱仪应用十分广泛，涉及领域也十分广。拉曼光谱仪可以对被测物质的成分进行辨别与评定，还可以应用于刑侦及珠宝辨真伪的方面。该仪器的结构简单、操作简便、测量快速且高效准确，可进行小至微米级的细微检测。

用拉曼光谱仪对实验中做出的样品进行分析得出如下几幅 Raman 光谱，如图 4-14 所示。由图 4-14 可知三种样品都具有三个峰值，并且峰值位置都分别在 $313cm^{-1}$、$520cm^{-1}$ 和 $983 \sim 995cm^{-1}$ 处左右浮动。分析推测在 $520cm^{-1}$ 处的峰值是来自硅基底拉曼峰；在 $X = 983 \sim 995cm^{-1}$ 处产生峰值可能是由二氧化硅中的原子团 Si—O—Si 对称拉伸而造成的；而在特例点 $481cm^{-1}$ 处的峰值则可能与 SiO_2 在沉积过程中生成了 Si 纳米晶粒有关。

4.3.4 小结

本章要点是研究通过热蒸发法制备出来的掺铁二氧化硅纳米材料的形貌特征，并对实验样品进行 X 射线衍射、SEM 以及 Raman 光谱图测试。通过 XRD 和 Raman 测试可知，利用热蒸发法方法制备的掺铁 SiO_2 纳米材料，在相同的实验条件下，实验药品比例为 1∶1 时，生成的纳米材料结晶性更好。经扫描电镜测试发现，在相同实验条件下随着铁粉占比逐渐减小，基底上生长的纳米二氧化硅颗粒尺寸越均匀并且纳米颗粒堆积的表面也十分光滑。

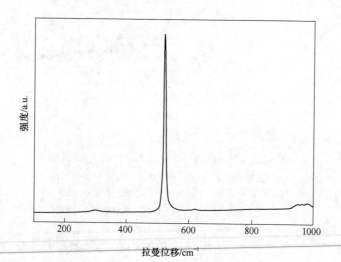

a

b

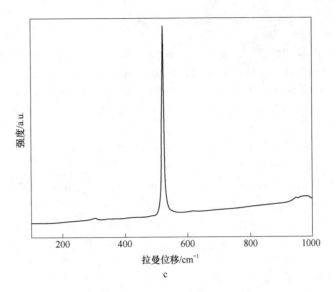

c

图 4-14　不同比例下掺铁二氧化硅 Raman 光谱图

a—实验药品 1∶1 比例下掺铁二氧化硅 Raman 光谱图;

b—实验药品 10∶1 比例下掺铁二氧化硅 Raman 光谱图;

c—实验药品 50∶1 比例下掺铁二氧化硅 Raman 光谱图

参 考 文 献

［1］ WANG Z L. NANOBELTS, Nanowires, and nanodiskettes of semiconducting oxides—from materials to nanodevices ［J］. Advanced Materials, 2003, 15：432-436.

［2］ ZHANG M, CIOCAN E, BANDO Y, et al. Bright visible photoluminescence from silica nanotube flakes prepared by the sol-gel template method ［J］. Applied physics letters, 2002, 80：491-493.

［3］ LI Y B, BANDO Y, GOLBERG D, et al. SiO$_2$-sheathed InS nanowires and SiO$_2$ nanotubes ［J］. Applied Physics Letters, 2003, 83 （19）：3999-4001.

［4］ SONG H, KIM Y J. Characterization of luminescent properties of ZnO：Er thin films prepared by rf magnetron sputtering ［J］. Journal of the European Ceramic Society, 2007, 27：3745-3748.

［5］ WU Y X, HU Z X, GU S L, et al. Electronic structure and optical properties of rare earth element （Y, La） doped in ZnO ［J］. Acta Physica Sinica, 2011, 60 （1）：017101-1-7.

［6］ 韦建松, 于灵敏, 范新会, 等. 掺杂 Nd 对 ZnO 电子结构和光学性质的影响 ［J］. 功能材料, 2014, 45 （B06）：4.

［7］ CHE P, MENG J, GUO L. Oriented growth and luminescence of ZnO：Eu films prepared by sol-gel process ［J］. Journal of luminescence, 2007, 122：168-171.

［8］ LAN W, LIU Y, ZHANG M, et al. Structural and optical properties of La-doped ZnO films prepared by magnetron sputtering ［J］. Materials Letters, 2007, 61：2262-2265.

［9］ 刘国敬. 稀土掺杂二氧化钛纳米发光材料的制备及性能研究 ［D］. 西安：西北大学, 2010.

［10］ 张锦. 溶胶-凝胶法制备稀土掺杂二氧化钛基质纳米发光材料的研究 ［D］. 西安：西北大学, 2007.

［11］ PATRA A, FRIEND C S, KAPOOR R, et al. Fluorescence upconversion properties of Er^{3+}-doped TiO$_2$ and BaTiO$_3$ nanocrystallites ［J］. Chemistry of Materials, 2003, 15 （19）：3650-3655.

［12］ LI Y, HONG G, ZHANG Y, et al. Preparation and upconversion luminescence of nanocrystalline Gd$_2$O$_3$：Er^{3+}, Yb^{3+} ［J］. Journal of Wuhan University of Technology-Mater, 2008, 23 （4）：448-451.

［13］ FEI H, YANG P, NA N, et al. Hydrothermal synthesis and luminescent properties of YVO$_4$：Ln （Ln＝Eu, Dy, and Sm） microspheres-ScienceDirect ［J］. Journal of Colloid & Interface Science, 2010, 343 （1）：71-78.

［14］ 李元耀. 稀土掺杂材料的光特性及其应用研究 ［D］. 天津：天津大学, 2012.

［15］ 金辉, 马洪涛, 刘鹏, 等. 掺杂壳层对增强 NaYF$_4$：Ce^{3+}, Tb^{3+} 体系发光的影响 ［J］. 发光学报, 2016, 37 （8）：955-960.

［16］ 王智宇, 周晓辉, 张朋越, 等. ZnO 含量对 Tb^{3+} 掺杂 ZnO-B$_2$O$_3$-SiO$_2$ 玻璃余辉性能及光致变色的影响 ［J］. 硅酸盐通报, 2004, 23 （5）：3-6.

［17］ 赵雪莲, 朱光平, 袁广宇, 等. 近紫外激发 Ce^{3+}, Tb^{3+} 掺杂 KY（CO$_3$）$_2$ 发光性能的研究 ［J］. 淮北师范大学学报（自然科学版）, 2022, 43 （1）：19-24.

［18］ TU D, LIANG Y, LIU R, et al. Eu/Tb ions co-doped white light luminescence Y_2O_3 phosphors ［J］. Journal of Luminescence, 2011, 131 （12）: 2569-2573.

［19］ KAO K C, HOCKHAM G A. Dielectric-fibre surface waveguides for optical frequencies ［J］. Proc. Inst. Electric. Eng. , Part J, Optoelectron. , 1966, 113: 1151-1158.

［20］ MAIMAN T H. Stimulated optical radiation in ruby ［J］. Nature, 1960, 187: 493-494.

［21］ SNITZER E. Optical maser action of Nd^{3+} in a barium crown glass ［J］. Physical Review Letters, 1961, 7 （12）: 444-446.

［22］ WAN N, TAO L, XU J, et al. Preparation and luminescence of nano-sized In_2O_3 and rare-earth co-doped SiO_2 thin films. ［J］. Nanotechnology, 2008, 19 （9）: 95709.

［23］ 张博, 刘洪臣. 稀土铈在医学中的应用 ［J］. 中华老年口腔医学杂志, 2013 （1）: 4.

［24］ 张林昆. 稀土植物增长调节剂, CN102464507A ［P］. 2012.

［25］ 冯爱玲, 徐榕, 王彦妮, 等. 核壳型稀土上转换纳米材料及其生物医学应用 ［J］. 材料导报, 2019, 33 （13）: 2252-2259.

［26］ LI Q, WANG C. Fabrication of Zn/ZnS nanocable heterostructures by thermal reduction/sulfidation ［J］. Applied Physics Letters, 2003, 82 （9）: 1398-1400.

［27］ YADA M, MIHARA M, MOURI S, et al. Rare earth （Er, Tm, Yb, Lu） oxide nanotubes templated by dodecylsulfate assemblies ［J］. Advanced Materials, 2002, 14 （4）: 309-313.

［28］ NGUYEN T D, MRABET D, DO T O. Controlled self-assembly of Sm_2O_3 nanoparticles into nanorods: Simple and large scale synthesis using bulk Sm_2O_3 powders ［J］. The Journal of Physical Chemistry C, 2008, 112 （39）: 15226-15235.

［29］ YU T, JOO J, PARK Y I, et al. Single unit cell thick samaria nanowires and nanoplates ［J］. Journal of the American Chemical Society, 2006, 128 （6）: 1786-1787.

［30］ YANG J, LI C, QUAN Z, et al. Self-assembled 3D flowerlike Lu_2O_3 and $Lu_2O_3:Ln^{3+}$（Ln=Eu, Tb, Dy, Pr, Sm, Er, Ho, Tm） microarchitectures: Ethylene glycol-mediated hydrothermal synthesis and luminescent properties ［J］. Journal of Physical Chemistry C, 2008, 112 （33）: 12777-12785.

［31］ LIU T, ZHANG Y H, SHAO H Y, et al. Synthesis and characteristics of Sm_2O_3 and Nd_2O_3 nanoparticles ［J］. Langmuir, 2003, 19 （18）: 7569-7572.

［32］ HU B, SHI J L. A novel MCM-41 templet route to $Eu_8(SiO_4)_6$ crystalline nanorods in silica with enhanced luminescence ［J］. J Mater Chem, 2003, 13 （6）: 1250-1252.

［33］ 丁建红, 李许波, 倪海勇, 等. 白光 LED 用 YAG: Ce^{3+} 荧光粉的性能研究 ［J］. 广东有色金属学报, 2006, 16 （1）: 8-11.

［34］ 谢建军, 施鹰, 胡耀铭, 等. 共沉淀法合成制备 Ce^{3+} 掺杂 $Lu_3Al_5O_{12}$ 纳米粉体 ［J］. 无机材料学报, 2009, 24 （1）: 79-82.

［35］ 雷志高, 常天赐, 崔佳萌, 等. $ZnAl_2O_4$: Tb^{3+} 荧光粉的合成、结构及其光学性能研究 ［J］. 发光学报, 2013, 34 （11）: 1446-1450.

［36］ WAGNER R S, ELLIS W C. The vapor-liquid-solid mechanism of crystal growth and its application to silicon ［J］. Trans. Meat-metallurg Soc AIME, 1965, 233: 1050-1064.

［37］ ROWLINSON J S. WIDOM B. Molecular theory of capillarity ［M］. New York: Oxford

University Press，2013.

［38］ WANG H，FISHMAN G S. Role of liquid droplet surface diffusion in thevapor-liquid-solid whisker growth mechanism ［J］. Journal of Applied Physics，1994，76（3）：1557-1562.

［39］ MENGNAN W，DAN Y，WEI L，et al. Crystal structure，morphology and luminescent properties of rare earthion-doped SrHPO$_4$ nanomaterials ［J］. Journal of Rare Earths，2015，33（4）：355-360.

［40］ SWAIN B S，SWAIN B P，LEE S S，et al. Microstructure and Optical Properties of Oxygen-Annealed c-Si/a-SiO$_2$ Core-Shell Silicon Nanowires ［J］. Journal of Physical Chemistry C，2012，116（41）：22036-22042.

［41］ YANG X，XU J，LIU Q，et al. SiO$_2$ nano-crystals embedded in amorphous silica nanowires ［J］. Journal of Alloys and Compounds，2017，695：3278-3281.

［42］ GLINKA，YU D，Jaroniec M. Spontaneous and stimulated raman scattering from surface phonon modes in aggregated SiO$_2$ nanoparticles ［J］. J. Phys Chem. B，1997，101：8832-8835.

［43］ ZANATTA A R，RIBERIO C T M，JAHN U. Visible luminescence from a-SiN films doped with Er and Sm ［J］. Applied Physics Letters，2001，79（4）：488.

［44］ 张旭东，刑英杰，奚中和. 类单晶氧化锌纳米棒的制备与表征 ［J］. 真空科学与技术学报，2004，24：16-18.

［45］ FU L，ZHANG H，SHAO H，et al. Progress on inorganic-organic hybrid prepared by the sol-gel process ［J］. Materials Science and Engineering，1999，17（1）：84-88.

［46］ XIN Z，XU X，JIAN Q，et al. Effects of Li^{3+} on photoluminescence of Sr$_3$SiO$_5$：Sm^{3+} red phosphor ［J］. 中国物理 B：英文版，2013，22（9）：172-176.

［47］ SELVARJ M，PANDRUANGAN A，SESHADRI K S，et al. Synthesis of ethyl β-naphthyl ether （neroline） using SO$_4^{2-}$/Al-MCM-41 mesoporous molecular sieves ［J］. Journal of Molecular Catalysis A：Chemical，2003，192（1/2）：153-170.

［48］ KATSUKI D C，SATO T，SUZUKI R，et al. Red luminescence of Eu^{3+} doped ZnO nanoparticles fabricated by laser ablation in aqueous solution ［J］. Appl. Phys. A，2012，108：321-327.

［49］ YANG L L，WANG Z，ZHANG Z Q，et al. Surface effects on the optical and photocatalytic properties of graphene-like ZnO：Eu^{3+} nanosheets ［J］. J. Appl. Phys.，2013，113：1-8.

［50］ WU X C，SONG W H，WANG K Y，et al. Preparation and photoluminescence properties of amorphous silica nanowires ［J］. Chemical Physics Letters，2001，336（1）：53-56.

［51］ NISHIKAWA H，SHIROYAMA T，NAKAMURA R，et al. Photoluminescence from defect centers in high-purity silica glasses observed under 7. 9-eV excitation ［J］. Physical Review B Condensed Matter，1992，45（2）：586-591.

［52］ SHEN G，BANDO Y，LIU B，et al. Unconventional zigzag indium phosphide single-crystalline and twinned nanowires ［J］. Journal of Physical Chemistry B，2006，110（41）：20129-20132.

［53］ 吕航，刘秋颖，杨喜宝，等. 沉积温度对热蒸发法制备 SiO$_2$ 一维纳米材料的影响 ［J］. 人工晶体学报，2017，46（10）：2050-2053.

［54］ NISHIKAWA H，NAKAMURA R，TOHMON R，et al. Generation mechanism of photoinduced paramagnetic centers from preexisting precursors in high-purity silicas ［J］. Physical Review B，

1990, 41 (11): 7828-7834.

[55] SRIVASTAVA S K, SINGH P K, SINGH V N, et al. Large-scale synthesis, characterization and photoluminescence properties of amorphous silica nanowires by thermal evaporation of silicon monoxide [J]. Physica E: Low-dimensional Systems and Nanostructures, 2009, 41 (8): 1545-1549.

[56] 唐伟, 何大伟, 周丹, 等. $BaMgSi_2O_6$: RE^{3+} (RE=Tb, Ce) 的真空紫外光谱特性 [J]. 稀有金属材料与工程, 2009, 38 (12): 399-402.

[57] 张丽平, 刘冶, 乐小云, 等. 掺 Ce^{3+} 的碱土氟化物的紫外发光特性研究 [J]. 中国民航大学学报, 2009, 27 (2): 52-56.

[58] LV H, YAN T, YANG X, et al. Preparation and characterization of SiO_2 nanowires using a SnO_2 catalyst [J]. Physics Letters A, 2020, 384 (8): 126174.

[59] WANG R, ZHOU G, LIU Y, et al. Raman spectral study of silicon nanowires: High-order scattering and phonon confinement effects [J]. Physical Review B, 2000, 61 (24): 1079-1097.

[60] ZHANG S L, WANG X, HO K S, et al. Raman spectra in a broad frequency region of p type porous silicon [J]. Journal of Applied Physics, 1994, 76 (5): 3016-3019.

[61] LI B, YU D, ZHANG S L. Raman spectral study of silicon nanowires [J]. Phy. Rev. B, 1999, 59 (3): 1645-1648.

[62] SAXENA S K, BORAH R, KUMAR V, et al. Raman spectroscopy for study of interplay between phonon confinement and Fano effect in silicon nanowires [J]. Journal of Raman Spectroscopy, 2016, 47 (3): 283-288.

[63] YANG X, LIU Q, XU J, et al. Si nanocrystals embedded in SiO_2 nano-networks [J]. Journal of Luminescence, 2017, 192: 875-878.

[64] SEKHAR B N R, CHOUDARY R J, PHASE D M, et al. Dispersion of resonant Raman peaks of CO and OH in SnO_2, $Mo_{1-x}Fe_xO_2$ thin films and SiO_2 bulk glass [J]. Journal of Physics D: Applied Physics, 2008, 41 (24): 245302.

[65] BRINKER C J, KIRKPATRICK R J, TALLANT D R, et al. NMR confirmation of strained "defects" in amorphous silica [J]. Journal of Non-Crystalline Solids, 1988, 99 (2/3): 418-428.

[66] WANG X, ZHEN Z, XU C, et al. Effects of Light Rare Earth on Acidity and Catalytic Performance of HZSM-5 Zeolite for Catalytic Cracking of Butane to Light Olefins [J]. 稀土学报 (英文版), 2007, 25 (3): 321-328.

[67] KHALIL K, CERIUM. Modified MCM-41 nanocomposite materials via a nonhydrothermal direct method at room temperature [J]. Journal of Colloid & Interface Science, 2007, 315 (2): 562-568.

[68] LAO J Y, HUANG J Y, WANG D Z, et al. ZnO Nanobridges and Nanonails [J]. Nano Letters, 2011, 3 (2): 235-238.

[69] CANNAS M, VACCARO L, BOIZOT B. Spectroscopic parameters related to non bridging oxygen hole centers in amorphous-SiO_2 [J]. Journal of Non-Crystalline Solids, 2006, 352 (3): 203.

［70］ ZHAO X, IKEGAMI K, ISHIWATA S, et al. Photoluminescence and local structure analysis of Sm^{3+} ions in single phase TiO_2 thin films ［C］//AIP Conference Proceedings. American Institute of Physics, 2011, 1399 (1): 485-486.

［71］ GHOSH P, KUNDU S, KAR A, et al. Synthesis and characterization of different shaped Sm_2O_3 nanocrystals ［J］. Journal of Physics D Applied Physics, 2010, 43 (40): 405401.

［72］ GROBELNA B, SZABELSKI M, KLEDZIK K, et al. Luminescent properties of Sm (Ⅲ) ions in $Ln_2(WO_4)_3$ entrapped in silica xerogel ［J］. Journal of Non-Crystalline Solids, 2007, 353 (30/31): 2861-2866.

［73］ 王亚杰, 刘源, 张思远, 等. Eu^{3+}, Sm^{3+}共掺的 $NaGd(MoO_4)_2$荧光粉的制备及其发光性能 ［J］. 信息记录材料, 2020, 21 (4): 24-25.

［74］ YAN B, XIAO X. Novel YN_bO_4: RE^{3+} microcrystalline phosphors: Chemical co-precipitation synthesis from hybrid precursor and photoluminescent properties ［J］. Journal of alloys and compounds, 2007, 433 (1/2): 251-255.

［75］ YOO J S, LEE J D. The effects of particle size and surface recombination rate on the brightness of low-voltage phosphor ［J］. Journal of Applied Physics, 1997, 81 (6): 2810-2813.

［76］ ZHANG Q, WANG J, ZHANG M, et al. Luminescence properties of Sm^{3+} doped $Bi_2ZnB_2O_7$ ［J］. Journal of rare earths, 2006, 24 (4): 392-395.

［77］ HU L, SONG H, PAN G, et al. Photoluminescence properties of samarium-doped TiO_2 semiconductor nanocrystalline powders ［J］. Journal of Luminescence, 2007, 127 (2): 371-376.

［78］ MAHESHWARY, SINGH B P, SINGH J, et al. Luminescence properties of Eu^{3+}-activated $SrWO_4$ nanophosphors-concentration and annealing effect ［J］. RSC Advances, 2014, 4 (62): 32605-32621.

［79］ 张克良, 范新会, 于灵敏, 等. ZnO 纳米线的制备及其光学性能 ［J］. 材料科学与工程学报, 2007, 25 (3): 411-414.

［80］ 杨喜宝, 刘秋颖, 赵景龙, 等. SiO_2 纳米线/纳米颗粒复合结构的制备及光致发光性能研究 ［J］. 人工晶体学报, 2017 (5): 138-142.

［81］ WEI D, HUANG Y, SHI L, et al. Preparation and luminescence of Eu^{3+}-activated $Ca_9ZnLi(PO_4)_7$ phosphor by a solid reaction-sintering ［J］. Journal of the Electrochemical Society, 2009, 156 (12): H885-H889.

［82］ DO P V, NGOC T, CA N X, et al. Study of spectroscopy of Eu^{3+} and energy transfer from Ce^{3+} to Eu^{3+} in sodium-zinc-lead-borate glass ［J］. Journal of Luminescence, 2021, 229: 117660.

［83］ LIU J, WANG X D, WU Z C, et al. Preparation, characterization and photoluminescence properties of BaB_2O_4: Eu^{3+} red phosphor ［J］. Spectrochimica Acta Part A Molecular & Biomolecular Spectroscopy, 2011, 79 (5): 1520-1523.

［84］ BAI L, MENG Q, HUO M, et al. Optical properties of $NaY(MoO_4)_2$: Eu^{3+} nanophosphors prepared by molten salt method ［J］. Journal of Rare Earths, 2019, 37 (12): 1261-1268.

［85］ PHAN D V, QUANG V X, TUYEN H V, et al. Structure, optical properties and energy transfer in potassium-alumino-borotellurite glasses doped with Eu^{3+} ions ［J］. Journal of Luminescence,

2019, 216: 116748.

[86] VELA J, PRALL B S, RASTOGI P, et al. Sensitization and protection of lanthanide ion emission in In_2O_3: Eu nanocrystal quantum dots [J]. Journal of Physical Chemistry C, 2008, 112 (51): 20246-20250.

[87] MCMILLAN P. Structural studies of silicate glasses and melts-Applications and limitations of Raman spectroscopy [J]. American Mineralogist, 1984, 69 (69): 622-644.

[88] TOMOYUKI K, TAKAO H, Yoshikuni H, et al. Determination of SiO_2 Raman spectrum indicating the transformation from coesite to quartz in Gföhl migmatitic gneisses in the Moldanubian Zone, Czech Republic [J]. Journal of Mineralogical & Petrological Sciences, 2008, 103 (2): 105-111.

[89] 黄庆红, 孙强. 纳米复合材料研究回顾与展望 (上) [J]. 新材料产业, 2014 (7): 37-41.

[90] PENG A, XIE E, JIA C, et al. Photoluminescence properties of TiO_2: Eu^{3+} thin films deposited on different substrates [J]. Materials Letters, 2005, 59 (29/30): 3866-3869.

[91] PAN Z W, DAI Z R, MA C, et al. Molten gallium as a catalyst for the large-scale growth of highly aligned silica nanowires [J]. Journal of the American Chemical Society, 2002, 124, 1817-1822.

[92] NIU J, SHA J, ZHANG N, et al. Tiny SiO_2 nano-wires synthesized on Si (111) wafer [J]. Physica E: Low-dimensional Systems and Nanostructures, 2004, 23 (1): 1-4.

[93] LIANG C H, ZHANG L D, MENT G W, et al. Preparation and characterization of amorphous SiO_x nanowires [J]. Arch. Biochem. Biophys., 2000, 277: 63-67.

[94] BISWAS S, REGAN C O, RETKOV N, et al. Manipulating the growth kinetics of vapor-liquid-solid propagated Ge nanowires [J]. Nano Lett., 2013, 13: 4044-4052.

[95] WANG L, CHENG S, WU C. Fabrication and high temperature electronic be-haviors of n-WO_3 nanorods/p-diamond heterojunction [J]. Appl. Phys. Lett., 2017, 110: 52106.

[96] RKIOUAK L, TANG M J, CAMP J C, et al. Optical trapping and Raman spectroscopy of solid particles [J]. Phys. Chem. Chem. Phys., 2014, 16: 11426-11434.

[97] FEGN N I. Synthesis and characterization of SnO_2 nanobelts by carbothermal reduction of SnO_2 powder [J]. J. Inorg. Mater., 2007, 22: 609-612.

[98] HEJAZI S R, JPSSEOMO H R M, CHAMSARI M S. The role of reactants and droplet interfaces on nucleation and growth of ZnO nanorods synthesized by vapor-liquid-solid (VLS) mechanism [J]. J. Alloys Compd, 2008 (455): 353-357.

[99] LV H, SANG D D, LI H D, et al. Thermal evaporation synthesis and properties of ZnO nano/microstructures using carbon group elements as the reducing agents [J]. Nanoscale Res. Lett., 2010, 5: 620-624.

[100] TSUNEKAWA S, FUKUDA T, KASUYA A. Blue shift in ultraviolet absorption spectra of monodisperse CeO_{2-x} nanoparticles [J]. J. Appl. Phys., 2000, 87 (3): 1318-1321.

[101] SKUJA L, MIZYGUCHI M, HOSONO H, et al. The nature of the 4.8eV optical ab-sorption band induced by vacuum-ultraviolet irradiation of glassy SiO_2 [J]. Nucl. Instrum. Methods B,

2000, 166-167: 711-715.

[102] SKUJA L. Optically active oxygen-deficiency-related centers in amorphous sili-con dioxide [J]. J. Non-Cryst. Solids, 1998, 239: 16-48.

[103] GIRI P K, KESAVAMOORTHY P, PANIGRAHI B K, et al. Evidence for fast decay dynam-ics of the photoluminescence from Ge nanocrystals embedded in SiO_2 [J]. Solid State Commun. , 2005, 133: 229-234.

[104] MA S Y, MA Z C, ZONG W H, et al. Photoluminescence from nanometer Ge par-ticle embedded Si oxide films [J]. J. Appl. Phys. , 1998, 84: 559-563.